MENTALE STÄRKE

VON KAMPFPILOTEN LERNEN

Ralph Eckhardt

Motor buch Verlag

Einbandgestaltung: Sven Rauert

Bildnachweis:
Sofern nicht anders vermerkt stammen die Bilder vom Autor bzw. aus dessen Archiv. Manche der Abbildungen im Buch entsprechen möglicherweise nicht dem heute üblichen Standard - dies ist auf das Alter bzw. die Umstände der Entstehung der Bilder und der verwendeten Kameraausrüstung zurückzuführen.

ISBN 978-3-613-04534-7

3. Auflage 2023

Sie finden uns im Internet unter www.motorbuch-verlag.de

Lektorat: Alexander Burden
Innengestaltung/ Satz: WS – WerbeService Linke, 76185 Karlsruhe
Druck und Bindung: Multiprint Ltd., Slavyanska Str. 10A, 2230, Kostinbrod, Bulgarien
Printed in Bulgaria

Inhalt

»Fighter Pilot is an attitude. It is cockiness. It is aggressiveness. It is self-confidence. It is a streak of rebelliousness, and it is competitiveness. But there's something else – there's a spark. There's a desire to be good. To do well. In the eyes of your peers, and in your own mind.«

Robin Olds, Brigadegeneral und Kampfpilot der US-Armee †2007
Mehrfach ausgezeichnet im 2. Weltkrieg und Vietnam-Krieg.

M08

Vorwort

Als Kampfpilot der deutschen Luftwaffe geht man in der Regel früher als andere Menschen in Pension. Blickt auf ein aufregendes und unvergleichbares Berufsleben zurück. Etwas fehlt aber, ist man mit 41 Jahren bereits im Ruhestand angekommen: Die Herausforderung. Das Leben am Limit. Der Nervenkitzel. Die letzte Landung im Überschalljet markiert einen Meilenstein. Mir selbst erging es in 2010 so. Ich war rund 20 Jahre lang als TORNADO-Pilot bei der Bundeswehr geflogen. Die Kameraden, die mit mir Anfang der 1990-er Jahre mit dem großen Traum begonnen hatten, irgendwann einen Kampfjet fliegen zu dürfen, sind ebenfalls bereits als *Berufsoffizier mit besonderer Altersgrenze von 41 Jahren* pensioniert worden. Auch sie standen irgendwann vor dem gleichen Problem: Was kommt jetzt?

Andere, mit denen ich angefangen hatte und mit denen ich in einer von Perfektion und Genauigkeit geprägten Welt 4.000 Flugstunden gesammelt habe, leben leider nicht mehr. Die Arbeit eines Kampfpiloten verzeiht nur sehr wenige Fehler. Ein Formationsflug mit 1000 km/h in wenigen Metern Höhe fordert nicht nur Körper, auch der Geist ist über Stunden auf 100% Leistung eingestellt. Die Bundeswehr sucht deshalb sehr genau nach Kandidaten. Eine genetische Disposition ist nicht nachteilig, um ein Kampfflugzeug zu fliegen. Bestimmte Charaktereigenschaften schaden ja auch in anderen Berufswelten nicht. Mit Angst, auf andere Menschen zuzugehen, wird ein Verkäufer auf Dauer wenig Erfolg verzeichnen. Und ein Arzt, der sich vor Blut ekelt, wird spätestens im Studium seine Entscheidung überdenken. Viel wichtiger als genetische Voraussetzungen ist jedoch die Einstellung. Das trifft nahezu immer zu. Einstellung bringt Zufriedenheit. Sie ist untrennbar mit Motivation und Disziplin verbunden. Die Einstellung ist quasi ein Garant für Erfolg und Freude bei allem, was man tut. Wir werden uns aus diesem Grund zunächst intensiv hiermit beschäftigen. Mir der Art und Weise, wie man an Dinge herangeht. Wie man etwas anpackt. Praktisch. Wie Kampfpiloten!

Zurück zur Fliegerei. Wenn jemand das Fliegen erlernen möchte, muss er oder sie nur genug Geld haben, um den (Privat)-Pilotenschein machen zu können. Als Fluglehrer und Airline-Pilot weiß ich, dass zivile Flugschulen selten die Eignung vor Beginn der Ausbildung in Frage stellen. Letztendlich kann die Firma nur durch Einnahmen aus Schulungen existieren. Wo (wie zum Beispiel bei der Bundeswehr) die betriebswirtschaftlich unabhängige Betrachtung der Kandidaten dafür sorgt, dass nur passende Anwärter durchkommen, sieht das hier anders aus. Ein Auswahlmechanismus kann helfen, dass Ungeeignete gewisse Tätigkeiten nicht ausüben. Das klingt hart! Ist aber so. Nahezu überall. Auch ohne Einstellung und Talent, dafür mit Geld und Einfluss, kann man ohne Auswahlmechanismus durchkommen. Das bedeutet: Im ungeprüften Umfeld muss man eigene Qualifikationen und Einstellungen selbst überprüfen, möchte man dauerhaft erfolgreich sein. Dort, wo keine Bestenauslese durchgeführt wird, wo man sich mit anderen in Leistung und Ergebnis nicht vergleichen muss, muss man hin und wieder auf die eigene Einstellung blicken. Ehrlich gesagt: Nur die wenigsten unter uns bringen ein angeborenes Talent für Dinge mit. Es bleibt also nur eine Stellschraube, die über Erfolg und Misserfolg entscheidet: Die Einstellung! Denken Sie nicht, dass ich die Meinung vertrete, Bestenauslesen sollten überall stattfinden. Das wäre sinnlos. Ich bejahe ein Umfeld, in dem talentierte Menschen Dinge tun können. In dem sie aufgrund des Talents gefördert werden. In dem auch andere, die weniger Talent haben, ebenso Chancen bekommen, weil sie hohe Leistungsbereitschaft (sprich: Motivation und Einstellung) mitbringen. Sehr selten wird sich jemand vor Sie hinstellen und sagen: *»Hey, lass das lieber mal sein und such Dir was anderes«*. Sollte man vielleicht also doch besser nur das tun, was man kann? Wofür man Talent hat? Beruflich? Privat? Nein. Auf keinen Fall! Denn wäre dem so, wäre aus mir kein TORNADO-Pilot geworden. Ich hatte vor meiner Ausbildung nie ein Flugzeug gesteuert. Wusste nichts über die Luftfahrt. Einige meiner Freunde und Mit-Abiturienten schienen weitaus mehr geeignet. Lasen in der Schule bereits Bücher über die Fliegerei oder waren Mitglied in einem Segelflug-Verein. Und doch wurde aus mir ein erfolgreicher Kampfpilot. Nicht aus meinen Mitschülern. Ich bestand sämtliche Abschnitte der angeblich schwierigsten Ausbildung der Welt. Wie konnte das nur passieren? Die Antworten finden sich in den folgenden Kapiteln. Sie sind universell. Leicht übertragbar. Damit tatsächlich jeder den Erfolg duplizieren kann.

Im ersten Teil blicken wir intensiv auf Motivation und Disziplin. Einstellung und Expertise sind wie Zwillinge. Mit der richtigen *attitude* wird man fast immer als Experte/-in angesehen. Man erledigt Aufgaben, privat und beruflich, fehlerfreier. Flüssiger. Die zweite Hälfte des Buches beschreibt meinen Weg, an Dinge, Projekte, Vorhaben und Probleme heranzugehen. Ich habe ihn tausende Male angewendet. Er funktioniert immer. Dieser Weg garantiert quasi, etwas schnell und unkompliziert lösen zu können. Völlig egal, ob die Aufgaben unbequem, zeitkritisch, spannend, gefährlich oder Routine sind. Doch ist die Reihenfolge wichtig. Zuerst kommt die Einstellung. Dann der Weg. Stellen Sie ihn sich als eine Art Straßenkarte vor. Ich werde sie Ihnen geben. Zurücklegen können sie den Weg jedoch nur allein. Im Laufe meiner Karriere habe ich diesen Weg – dieses Prinzip des Herangehens an Dinge – automatisiert. Wende es intuitiv an. Es ist wirklich simpel. Sie benötigen aber Zeit, es die ersten Male selbst umzusetzen. So wie man eine unbekannte Strecke immer und immer wieder fahren muss, um sie irgendwann auswendig zu kennen, so muss man auch meine Methoden und Strategien ein paar Mal üben und anwenden. Ganz nebenbei biete ich Ihnen luftfahrt-typische Instrumente und Werkzeuge an, die auch außerhalb eines Cockpits wertvoll sind.

Es hat in der Tat etwas gedauert, bis ich darauf gekommen bin, was mir da als Kampfpilot beigebracht wurde. Mit dieser Überraschung bin ich aber nicht allein. Viele erfolg-

reiche Menschen fragen sich irgendwann, wie und warum sie so erfolgreich geworden sind. Viele können ihre Karriere oft selbst gar nicht erklären. In der Öffentlichkeit sagt man über diese Menschen vielleicht, *»sie hätten ja schon als Kind damit angefangen«* oder *»ohnehin das passende Händchen«*. Erfahrung und Talent wird automatisch impliziert. Im Englischen hört man den Ausdruck *»they are meant to do that«*. Das ist aber nicht die Wahrheit. Denn auch wenn man kein Talent oder Erfahrung mitbringt, kann man den Weg erlernen, wie man Dinge erfolgreich erledigt. Beruflich oder privat – das ist egal. Im Cockpit oder im Büro. Es gibt einen Weg, *Erfolg* zur Regel zu machen. Selbst das größte Flieger-Ass kam nicht als Pilot zur Welt. Doch Achtung: Ich setze Erfolg nicht mit *wohlhabend* gleich. Das wäre ein Fehler. *Erfolg* bedeutet, etwas besser, sicherer, effizienter zu tun. Respekt und Anerkennung zu erhalten (daraus resultierend dann vielleicht irgendwann eine überdurchschnittliche Bezahlung).

Mein Erfolgs-Wegweiser, der bei der Einstellung beginnt, seinen Weg über Planung und Ausführung nimmt und mit korrekter Nachbereitung endet, ist für alle zutreffend. Piloten, Verkäufer, Manager, Sportler, Teamleiter, Ärzte, Lehrer. Egal, wie Sie ihn nennen. Einem wiederholt erfolgreichen Tun liegt einfach ein Rezept, eine Struktur zu Grunde. In der Ausbildung zum Kampfpilot bekommt man jeden einzelnen Schritt des Weges immer wieder erklärt und vorgemacht. Handlungen und Aktionen automatisieren sich irgendwann. Das ist wichtig. Denn im Cockpit hat man wenig Zeit, sich Gedanken über andere Dinge zu machen. Vieles muss durch Automatismen und Standards funktionieren. Gewisse Fehler dürfen einfach nicht vorkommen. Passieren sie doch, so besteht eine hohe Wahrscheinlichkeit, dass man zu den Kameraden gehört, die eine frühe Pensionierung mit 41 Jahren leider nicht erleben. Aber auch anderswo sind bestimmte Fehler unverzeihlich und irreversibel. In der Medizin und bei der Feuerwehr. Auf Baustellen und beim Umgang mit schwerem Gerät. Und selbst wenn Fehler nicht direkt eine Gefahr für Leib und Leben bedeuten, aber Kündigung, Insolvenz, Verlust von Kunden, berufliche Stagnation, zurückgehende Verkaufszahlen oder eine schrumpfende Belegschaft bedeuten können, so sind diese Erlebnisse subjektiv gesehen für jeden Einzelnen auch sehr frustrierend.

Ich gehe an Dinge anders heran. Ähnliches Verhalten beobachte ich bei Fliegerkameraden. Ich begann mich also zu fragen, warum dem so ist? Beim Hausbau. Beim Kauf eines Autos, Gründung einer Firma, Schreiben eines Buches. Organisation einer privaten Feier. Kampfpiloten gehen an Aufgaben und Probleme anders heran. Der Grund: Die automatische Übertragung von beruflich erlernten Mustern aufgrund des Erfolges. Soll heißen: Die Dinge, die wir im Job erlernen, nehmen wir deshalb ins Private mit, weil sie sich bewährt haben! Jetpiloten erleben täglich große Erfolge. Treffen sekundengenau Ziele. Überleben simulierte oder echte Luftkämpfe. Steigen nach jeder Landung mit hohem Adrenalinspiegel gesund und munter aus dem Überschalljet wieder aus. So geschieht eine schleichende Adaption. Unsere Lebenspartner können davon ein Lied singen. Ich höre zum Beispiel von meiner Frau: *»Wenn Du einen Schritt machst, muss ich zwei machen«*. Das bedeutet nichts anderes, als dass ich durch meine Vorgehens- und Denkweisen effektiv und erfolgreich arbeite. Weniger Zeit, Aufwand und Ressourcen benötige. Eben weil mein Job mir eine grundsätzliche Effizienz verfügbar gemacht hat. Sie haben Zweifel? Während meiner Luftwaffenzeit hatte ich mit Schreiben nichts zu tun. Ich habe aber bereits einige Bücher veröffentlicht. Schreibe Monat für Monat Artikel für Zeitschriften und Magazine. Verlage sind zufrieden. Ich erhalte nette Leserpost. Erfahrung als Geschäftsführer einer GmbH konnte ich nie vorweisen. Dennoch eröffnete ich vor Jahren die *Pilot Lounge*, eine Fliegerbar in Köln. Wegen Zeitmangel musste ich sie in 2006 leider verkaufen. Ein Erfolg war die Gastronomie mit Piloten-Flair trotzdem. Noch heute treffe ich Menschen, die sich an die *Pilot Lounge* erinnern. Meine Tätigkeit als Dozent für *TOP GUN Leaders* begründet sich auch nicht auf eine Ausbildung. Dennoch schule ich regelmäßig Ärzte, Manager, Verkäufer, Teamleiter, Piloten. Erhalte erfreuliches Feedback. Sogar mein Hobby Segeln habe ich »professionalisiert«, indem ich in meiner Freizeit als Charterskipper für Reiseagenturen arbeite. Und so kostenlos Familien-Urlaub mache. Auf vergleichbar einfache Art wurde ich Fluglehrer. Und 747-Kapitän. Glauben Sie jetzt, dass der Weg für mich persönlich funktioniert? Das kann er auch für Sie. Das Prinzip ist übertragbar. Auf alle Lebens-, Freizeit- und Berufsbereiche. Ich verspreche Ihnen: Wenn sie sich meine Worte wirklich zu Herzen nehmen, engagiert und motiviert an Probleme und Aufgaben heran gehen, werden sie erfolgreich sein. Ich wünsche Ihnen viel Vergnügen beim Anwenden der *»Mentalen Stärke der Kampfpiloten«*.

Definitionen

Air Traffic Control
Luftverkehrskontrolle am Boden.

AWACS
Airborne early **W**arning **A**nd **C**ontrol **S**ystem. Fliegendes Radarsystem zur luftgestützten Luftraumaufklärung und -überwachung mit dem Ziel der Früherkennung und Vorwarnung von Kampflugzeugen.

Beyond Visual Range
BVR = Raketen/Bomben, die außerhalb des sichtbaren Umfeldes eingesetzt werden können.

CRM
Crew **R**esource **M**anagement. Verpflichtende Schulung für Luftfahrzeugbesatzungen, die nicht-technische Fertigkeiten schulen und verbessern soll.

Anti-g-Hose
Wird im Cockpit an das Druckluftsystem angeschlossen. Zögert den Verlust des Bewusstseins hinaus, in dem bei Beschleunigungen die Hose durch abruptes Aufblasen verhindert, dass das Blut in die Beine versacken kann.

attitude
Englisch für Charakter/Einstellung. In der Fliegerei ein sehr oft verwendeter Begriff.

EFIS
Electronic **F**light **I**nformation **S**ervice. Digitale Cockpit-Anzeigen.

ENJJPT
EURO NATO Joint Jet Pilot Training.

Flight Level
(FL) Flughöhe im Streckenflug (z.B. FL320 bedeutet 32.000 Fuß).

Goody Bag
Ausdruck für die Tasche eines Piloten, in der alle Flugunterlagen sind.

Head-Up-Display
Frontscheiben-Sichtsystem, in welches wichtige Flugdaten projiziert werden, um kontinuierlich nach außen schauen zu können.

ILS
Instrumenten-**L**ande-**S**ystem.

leassons learned
Lektionen bzw. Erkenntnisse von dem, was sie gelernt haben.

Limited Combat Ready
bedingt einsatzfähig.

NOTAM
NOtice **T**o **A**ir**M**en = allgemeine Mitteilungen an Piloten für den Flug.

SA
Situational **A**wareness / situatives Bewusstsein.

Solo
Alleinflug eines Flugschülers.

stall
Strömungsabriss an Triebwerk oder Tragfläche.

Tanker
Flugzeug, das andere Flugzeuge in der Luft betankt.

TOGA
Take **O**ff and **G**o **A**round.

TOT
Time-**O**ver-**T**arget. Ein vorgesehenes Zeitfenster, in welchem man über dem Ziel sein muss.

two-ship
Formation von zwei Kampflugzeugen.

wingman
Flugzeug einer Formation, welches nicht die Verantwortung/Führung über die Formation inne hat (Mz.: *wingmen*).

WSO
Waffen-**S**ystem-**O**ffizier. Besatzungsangehöriger im hinteren Cockpit von zweisitzigen Kampfflugzeugen. Hat keine Pilotenausbildung durchlaufen. Verantwortlich für die Programmierung von Rechnern und Waffen im Flugzeug.

Kapitel 1

Vom Fußgänger zum Kampfpiloten

Etwas vermisste ich nie: Selbstsicherheit. Schon als Teenager wagte ich mich, mit bunten Klamotten in die Schule zu gehen. Smiley-T-Shirts. Unterschiedliche Socken. Mit dem Einrad anstatt dem Bus. Als dann noch meine Idee hinzukam, Kampfpilot zu werden, erntete ich mehr Häme als Unterstützung von meinen Schulkameraden. Doch mein Selbstbewusstsein war größer als die Zweifel. Ich folgte meinem Verlangen. Einige Jahre später war das immer noch so. Als mein Wecker mich morgens um 3:30 Uhr aus dem Bett klingelte. Mein Verlangen war, in ein paar Stunden einen millionenteuren Kampfjet zu steuern. Ich lag in in einem wenig einladenden Zimmer in einer Kaserne in der kanadischen Provinz Alberta. Cold Lake, etwa 300 Kilometer nordöstlich von Edmonton. Ein großer Luftwaffenstützpunkt. Meine Staffel war gerade dort, um an der NATO-Übung *Maple Flag* teilzunehmen. Seit 1978 findet diese Großübung im kalten kanadischen Norden statt. Hunderte von Kampfjets, Tankern, Transportern und anderen Flugzeugen nehmen daran teil. Das Ziel: Üben für den Ernstfall. Merken wir uns diesen Satz an dieser Stelle: *»Üben für den Ernstfall«*. Oder, wie Kampfpiloten sagen: *»Train as you fight!«*

Es war früh. Sehr früh. Halb vier. Ich bekam meine Augen kaum auf. Doch bereits in 30 Minuten musste ich hellwach im Briefing sitzen. Zusammen mit mindestens 250 anderen Piloten aus der ganzen Welt. Heute war ein Flug mit scharfen Waffen geplant. Erst wenige Wochen zuvor war ich von meinem Staffelchef als *Limited Combat Ready* (LCR) der NATO gemeldet worden. Das hieß, ich hatte meine erste Einsatzreife auf dem TORNADO erlangt. War aber nur bedingt einsatzfähig. Mir fehlte schlichtweg noch Erfahrung, um *Combat Ready* zu werden. Also vollständig einsatzfähig. Aber

Nach einem anspruchsvollen Flug im Tornado.

auch mit dem Status LCR durfte ich an Großübungen wie *Maple Flag* oder *Red Flag* teilnehmen. Mit Piloten, die weitaus mehr Erfahrung hatten. Ich war aufgeregt. Es war meine erste Übung. Es sollten viele folgen.

Da saß ich also. Neben meinen auch aus Deutschland angereisten Kameraden in der siebten Reihe des riesigen Auditoriums. Ganz vorn stand ein erfahrener F-18 *Hornet*-Pilot der kanadischen Luftwaffe. Neben einer Menge NATO-Landesflaggen. Er informierte uns über den Verlauf der Übung *Maple Flag*. Wir nennen so etwas *general briefing*. Für mich zählte in diesem Moment nur dieser Tag. In vier Stunden durfte ich als *wingman* einer two-ship-Formation in den reservierten Luftraum starten. Mit meinem Waffensystemoffizier (WSO), der im hinteren Cockpit des Kampfjets sitzt, einen Auftrag erfüllen. Dieser lautete: Bodenziel in etwa 800 Kilometer Entfernung westlich von hier bekämpfen. Welches Ziel das genau sein sollte, wo es genau lag, wer uns dabei unterstützen würde und was wir als Gegner erwarten konnten sollte ich im nächsten Briefing erfahren. Im *flight briefing*. Im Staffelrahmen hatte ich so etwas natürlich schon öfter geübt. Immerhin hatte es ein Jahr gedauert, um nach meiner Pilotenausbildung in den USA den ersehnten Status LCR zu bekommen. Definitiv ein Meilenstein im Leben eines Jetpiloten, darf man vorher nämlich an keiner Übung und Einsatz teilnehmen. Spätestens an dieser Stelle wurde aus dem Junge ein Mann.

Das Vorflug-Briefing (*flight briefing*) war vorbei und ich befand mich im Ankleideraum. Schnallte mir meine Anti-g-Hose und die Überlebensweste um. Helm in der rechten Hand, *Goody Bag* in der linken. Ein Bus fuhr uns raus zum Flugzeug. Das *Line Taxi*. Und da stand er – mein mit scharfen Waffen beladener und bis zum Rand betankter TORNADO. Wartete auf mich, um ihn mit ein paar Handgriffen und 80.000 PS in nur wenigen Hundert Metern in den Himmel über Kanada zu katapultieren. In der Luft kreiste bereits ein Tankflugzeug, an dem ich in 45 Minuten den durch den Start verbrauchten Kraftstoff nachfüllen sollte. Genauer gesagt, es waren noch 43 Minuten und 20 Sekunden, als ich angeschnallt auf dem Schleudersitz die Cockpithaube verriegelte. Die Einhaltung von Zeiten/Fristen ist eines der wichtigsten Dinge, die ein Kampfpilot lernen muss. Mein WSO programmierte im hinteren Cockpit die Bordcomputer und überprüfte die Waffensysteme. Mit ihm reden war in diesem Moment zwecklos. Ein Flugzeugtechniker stand auf der linken Seite und gab mir mit erhobenem Daumen das Klarsignal zum Anlassen der Triebwerke. Alles musste automatisch ablaufen. Meine Finger flogen durchs Cockpit. Hatte ich während der ersten Monate meiner Musterschulung auf dem Kampfjet noch 30 Minuten gebraucht, um alle Systeme hochzufahren, so benötigte ich jetzt keine 10 Minuten mehr, um den TORNADO rollklar zu machen. *»VIPER, check?!«* hörte ich über Funk von meinem Formationsführer, dem *formation leader*. *»VIPER two!«* meine knappe Antwort. Mein Formationsführer wusste jetzt, dass ich rollbereit war. Fragte also nach der Freigabe beim Tower. Er war ein alter Hase aus meiner Staffel. Auch besser so, wir wollten uns ja nicht gleich beim ersten Flug blamieren. Bei einem solch großen Ereignis in Kanada. *Maple Flag* ist etwas Besonderes.

Auch Kampfjets haben Flugschreiber an Bord. Im Gegensatz zu zivilen Flugzeugen sollen diese aber nicht nur im Fall eines Unglücks Ermittlern helfen, Ursachen aufzuklären. Obwohl das natürlich auch in einem Kampfjet möglich ist. Die sehr exakt aufzeichnenden Geräte sind vielmehr das Primärinstrument, um nach Missionen sekundengenau nachvollziehen zu können, was gut und was schlecht gelaufen ist. Dieses »Herausfinden« geschieht sehr kontrolliert und strukturiert in einem besonderen Rahmen. Dem *Debriefing*. Quasi die Gegenveranstaltung zum *flight briefing*, der Einfachheit halber von Piloten auch nur *Briefing* genannt. Dazu später mehr. Unser Flug war leider mehr schlecht als recht gelaufen. Obwohl ich mich intensiv vorbereitet hatte. Es ging alles viel zu schnell. Und es war zu komplex. Mir mangelte es an Routine und Erfahrung. Mein Chef hatte mir zwar einen erfahrenen WSO hinten rein gesetzt, mit dem ich schon Tage vorher den Übungseinsatz simuliert hatte. Trotz allem erreichten wir unser vorgegebenes Ziel ein paar Sekunden zu spät. Nur Sekunden! Aber dennoch zu spät. Waren im Grunde sinnlos losgeflogen. Zwar konnten wir noch das Betankungsfenster pünktlich erreichen und gut zwei Tonnen Kerosin in wenigen Minuten in den Jet füllen. Ein paar Ausweichmanöver aufgrund plötzlicher Feindbedrohung aber – simuliert natürlich, wir nahmen ja an einer Übung und keinem echten Einsatz teil – sorgten dafür, dass wir nicht im vorgesehenen Zeitfenster über dem Ziel sein konnten. Ein solches Zeitfenster nennt man *TOT (Time Over Target)*. Und weil wir nicht pünktlich waren, mussten wir das Bodenziel, ein feindliches Kommunikationszentrum, umfliegen. Durften die Waffen nicht abwerfen. Zu gefährlich wäre es gewesen, wenn ich außerhalb des für uns reservierten Zeitfensters (TOT) von 20 Sekunden auf den Auslöser gedrückt hätte. Nachfolgende Jets hätten durch dieses Manöver gefährdet werden können. Wären womöglich in Detonationssplitter geflogen. Ich musste den Zielangriff abbrechen.

Klar zu erkennen ist an dieser Stelle, wie wichtig es für einen Kampfpiloten ist, Regeln und Rahmenbedingungen einzuhalten. Die Ziele zu kennen und zu verstehen. Dabei ist es völlig gleichgültig, ob es sich um inhaltliche oder zeitliche Vorgaben/Ziele handelt. Viele Dinge werden Piloten für jeden Flug vorgegeben. Alles ist mess- und auswertbar. Das ist wichtig! Denn sonst könnten Ziele im Debriefing, der Nachflugbesprechung, nicht sinnvoll ausgewertet werden. Nur wenn etwas messbar ist, kann es auch bewertet werden. Erfüllt oder nicht erfüllt. Ja oder Nein. Getroffen oder nicht getroffen. So kann man Ergebnisse zielführend analysieren. Umschreibungen wie *»schön«*, *»passend«* oder *»gut«* sind weniger geeignet. Das ist etwas, was man als Kampfpilot fest verinnerlichen muss. Ich habe zu jeder Zeit die Mess- und Auswertbarkeit im Kopf. Egal, ob diese von anderen erstellt werden oder ich selbst für Vorgaben sorge (zum Beispiel als *formation leader*). Ich bemerke oft, dass (außerhalb von Cockpits) Mess- und Auswertbarkeit selten Beachtung finden. Weder im Berufs- noch im Privatleben.

Meine Eltern hatten nichts mit der Fliegerei zu tun. Mehr, als einmal auf dem Schoß des Kapitäns unseres Ferienfliegers nach Ibiza zu sitzen, hatte auch ich nicht damit zu tun, bevor ich mich entschloss, Pilot zu werden. Anfangs wollte ich zur *Lufthansa*. Das stellte sich Ende der 1980-er Jahre aber als unmöglich dar, als mir die Firma wegen finanziellen Problemen auf meine Bewerbung mitteilte, zurzeit keine Pilotenanwär-

ter einzustellen. Da war guter Rat teuer. 100.000 DM in eine eigenfinanzierte Piloten-Ausbildung stecken? Wohl kaum. Woher sollte ich so viel Geld nehmen? Meine Eltern waren nicht reich. Mein Vater brachte mich auf die Idee, die Bundeswehr als Sponsor meiner Fliegerkarriere in Betracht zu ziehen. Daran hatte ich überhaupt nicht gedacht. Innerhalb kurzer Zeit besorgte ich mir einen Termin beim Wehrdienstberater im Kreiswehrersatzamt. Posaunte mit Stolz geschwellter Brust meine Begeisterung für die Laufbahn des Piloten heraus. Auf seine Frage, welches Flugzeug ich denn fliegen wollte, und ob ich auch als Waffensystemoffizier anfangen würde, fand ich keine spontane Antwort. Ich bemerkte schnell: Ich hatte wirklich keine Ahnung! Von dieser Ahnungslosigkeit ließ ich mich aber nicht abhalten. Ich war selbstbewusst und glaubte an meinen Erfolg. Hatte mir fest vorgenommen, Kampfpilot zu werden. Durchlief in den kommenden Monaten erfolgreich eine Vielzahl von komplizierten Einstellungstests. Legte parallel dazu mein Abitur ab. Zuerst kam die dreimonatige Grundausbildung. Im Anschluss eine neunmonatige Offizier-Ausbildung in Fürstenfeldbruck. Es folgten: Feststellung der fliegerischen Eignung. Englisch-Kurse. Grundlagen-Seminare. Überlebenstrai-

nings. Und dann endlich die Ausbildung zum Kampfpiloten an der NATO-Fliegerschule *ENJJPT*. Die Abkürzung steht für *Euro NATO Joint Jet Pilot Training*. Ein Zusammenschluss der NATO-Staaten in Texas, wo Jetpiloten ihr Handwerk erlernen. Wer denkt, hier dreht sich alles nur um das Erlernen fliegerischer Fertigkeiten, der irrt. Genau an diesem Ort liegt der Grundstein des allgemeinen Erfolges. In 14 Monaten wird jungen Kadetten beigebracht, wie man Dinge richtig anpackt. Wie man Probleme löst. Mit Stress und Zeitdruck umgeht. Wie man Fehler erkennt beziehungsweise vermeidet. Alles wird ein paar Mal vorgemacht. Ist immer gleich. Dann muss man es selbst tun. Und immer wieder üben. Tag für Tag. Bis man es im Schlaf drauf hat. Und intuitiv anwendet. Mir fiel das während der Ausbildung nicht auf. Ich erkannte nicht, eine bemerkenswerte persönliche Entwicklung zu durchlaufen, die mich befähigte, in besonderer Art und Weise an Probleme und Aufgaben heranzugehen. Erst später wurde mir klar, wie einzigartig und einfach die vermittelten Werte und Strukturen sind. Aus einem Jungen aus einer nordhessischen Stadt war inzwischen ein echter *Fighter Pilot* geworden!

Kapitel 2

Werte und Ziele

Stoppelhopser

Werte

Direkt einmal vorweg: Dieses Kapitel handelt von Werten und Zielen! Warum sage ich das so klar und deutlich? Und vor allem so weit zu Beginn des Buches? Das ist leicht erklärt. Bevor wir uns um irgendetwas anderes kümmern – uns an Planung und Ausführung heran machen, müssen Standards und Werte definiert, Prozeduren, Verbindlichkeiten und Erwartungen festgezurrt werden. Erst so kann solide aufgebaut werden. Ich sage es, weil Kampfpiloten nicht um den heißen Brei herumreden. Dafür bleibt in diesem Job keine Zeit. Ein Beispiel: Wenn ich einen Flugauftrag von meinem Einsatzoffizier erhielt, dann teilte er mir zeitgleich weitere Flugzeuge zu. Kampfflugzeuge fliegen wegen besserer Verteidigungsfähigkeit und Bündelung der Durchschlagskraft ausschließlich in Formation. Bevor ich aber den anderen Piloten Ziele vorstellen kann – zum Beispiel Aufklärung oder Zerstörung einer feindlichen Radarstellung – muss ich zu- erst vorhandene Standards und Procedures auf Einheitlichkeit abklopfen. Also auf bestimmte Werte eingehen. Ohne eine genaue Definition der Lage neigen Menschen dazu, Informationen um sich herum wie ein Schwamm aufzusaugen. Und das sind dann oft nicht die Informationen, welche relevant für eine Aufgabe sind. Für mich mochte an einem Tag folgendes wichtig sein: Wie ist die Funkordnung? Wer startet zuerst? Wer landet zuletzt? Wie nähert sich meine Formation dem Tankflugzeug? In welcher Art und Weise folgen Formationsflieger (*wingmen*) dem *leader* (also mir)? In welcher Reihenfolge wird über das Zielgebiet geflogen? Ich muss immer zuerst sicherstellen, dass Teilnehmer nach identischen Standards und *Procedures* arbeiten.

Piloten sind recht gut darin, häufig wiederkehrende Standards und *Procedures* als allgemein gültig festzulegen. Das hat nämlich den Vorteil, dass diese nicht jedes Mal neu erklärt und vorgestellt werden müssen. Standards entwickeln sich aus bewährten und sicheren Handlungsabläufen. Aus Vorkommnissen der Vergangenheit. In der Fliegerei wird vieles schriftlich fixiert. In Form von *Procedures* allen zugänglich gemacht. Jeder liest sie – und jeder hält sich daran. Das vereinfacht die Dinge, denn auf diesem Wege muss man nicht jedes Mal wertvolle Briefing-Zeit verschwenden, die man dringender für mission-spezifische Inhalte benötigt. Standards und Procedures sind nichts anderes als Sollwerte, die generelle Gültigkeit besitzen. Piloten kennen sie auch unter dem Namen *Standard Operating Procedures*, kurz SOP. Wichtig: Keine SOP ist immer gültig. *Things change* – Dinge verändern sich. So muss eine SOP kontinuierlich angepasst und auf dem Laufenden gehalten werden. In der Luftwaffe trifft sich ein überregionales Standardisierungs-Team in bestimmten Abständen, um Updates zu Sollwerten zu diskutieren. Änderungen werden in vorhandene SOPs eigearbeitet und an Piloten verteilt. Oder neue SOPs werden entwickelt. Ähnlich läuft so etwas auch zivil ab. Innerhalb von Fluggesellschaften. Jeder Pilot muss Änderungen innerhalb einer vorgegebenen Zeit zur Kenntnis nehmen. Mit Namenskürzel und Datum bestätigen, dass Updates wirklich gelesen wurden. Auf diesem Wege vermeidet man, dass manche nach aktuellem Standard operieren, während andere veraltete Werte verwenden. Auf diesem Wege stehen Piloten immer aktuelle Werte zur Verfügung. Das Entwickeln von SOPs wird außerhalb der Luftfahrt stiefmütterlich angegangen. Leicht zu bemerken, wenn bei Meetings immer wieder gleiche Fragen auftauchen. Unsicherheiten, die im Grunde schon längst hätten standardisiert werden können – und sollten. *»Soll ich Sie bei meiner EMail ins Cc setzen?« – »Wer ist dafür zuständig?« – »Bis wann möchten Sie das denn zurück haben?« – »Wie viel Mal soll das kopiert werden?«* Und so weiter und so weiter. Für solche Fragen sollten Standardwerte festgelegt werden. Das vereinfacht vieles und schützt vor Fehlern. Denn nicht immer traut sich jeder auch zu fragen. Es spart Zeit. Und vermeidet Stress.

Übertragung für Piloten

Übertragen wir SOPs, also Standards, einmal auf Privatpiloten. Nehmen wir dazu einen Verein oder eine Haltergemeinschaft. Hier können wiederkehrende Ereignisse durch SOPs vereinfacht werden. Stellen sie sich vor, ein Club hat folgende Abläufe schriftlich fixiert:

- Flugzeug aus dem Hangar holen
- Aufgabe eines Flugplans
- Erster Flug am Tag/letzter Flug am Tag
- Betankung am eigenen Platz/am fremdem Platz
- Einträge ins Bordbuch
- Meldung von Beschädigungen und Problemen
- Reinigen des Flugzeuges

Ihnen fallen sicher selbst Punkte ein, die durch SOPs vereinfacht werden können. In Ihrem Verein. Ihrer Haltergemeinschaft. Standards und Procedures helfen allen Beteiligten, sich auf andere zu verlassen. Geschehnisse werden vorhersehbar und transparent. Erwartungen sind klar und unmissverständlich. Man weiß, was wie wann wo getan wird. Zumindest bei wiederkehrenden Ereignissen. Und das, ohne jedes Mal alles erklären zu müssen. Oder eine Notiz für den Nachfolger auf dem Sitz des Vereinsfliegers zu hinterlassen. *»Könntest Du bitte....«*. Doch bitte denken sie daran: SOPs sind lebendig. Sie müssen regelmäßig auf Gültigkeit überprüft werden. Angepasst beziehungsweise sogar ersetzt werden. Sollwerte, die keinen Sinn machen oder veraltet sind, werden nicht eingehalten. In einem Verein oder einer Firma können regelmäßige Standardisierungstreffen verhindern, dass Standards *out-of-date* kommen. Hieran müssen dringend Experten der beteiligten Fachgebiete teilnehmen.
Die erste Entwicklung von SOPs ist nicht einfach. Sie verlangt nämlich, sich mit den Dingen, die Probleme bereiten, tatsächlich auseinander zu setzen. Man muss gut hinsehen und beobachten. Prozesse exakt beurteilen. Schreiben Sie sich also eine Zeit lang Anhaltspunkte und Bemerkungen auf, bevor Sie mit der Erstellung der eigentlichen SOP beginnen. Reden Sie mit anderen, wie sie die Dinge sehen. Wird von

vielen ein identischer Missstand entdeckt oder ein Punkt zur Verbesserung definiert, ist die Zeit gekommen, zu handeln. Lassen Sie jetzt Vorschläge machen zur Vereinfachung beziehungsweise Vereinheitlichung des Problems. Hieraus können dann Sollwerte entwickelt werden, die künftig eingehalten werden sollen. An denen sich alle orientieren können. Denn nur wenn die Mehrheit hinter einer SOP steht, wird auch die Mehrheit die SOP umsetzen. Auch allgemeine Ziele können gut in einer SOP erwähnt werden. Zum Beispiel das Landen des Vereinsflugzeuges in den ersten so und so viel Metern der Landebahn. Oder das korrekte Ausfüllen des Bordbuches. Die tägliche Abgabe der Tankbelege im Vereinsbüro. Und so weiter.

Ziele

Kommen wir zu den Zielen. Ein sehr wichtiger Punkt! Denn ich tue schließlich etwas, um ein Ziel zu erreichen. Wenn ich als Kampfpilot einen Flugauftrag umsetzte, dann hatte ich Ziele für diesen Flug von meinem Einsatzoffizier erhalten. In schriftlicher oder mündlicher Form. Allgemeine Ziele wie das Verhalten bei Start, Luftbetankung, Landen mussten nicht jedes Mal neu ausgegeben werden, sie waren Bestandteil der *Standard Operating Procedures*. Befanden sich für alle einsehbar unter dem Planungstisch im *SOP*-Ordner. Immer am gleichen Platz. Jeder blätterte darin regelmäßig. Vor dem Flug konnte ich also davon ausgehen, dass Formationsmitglieder die aktuelle SOP kannten. Die staffelinternen Werte und Ziele. Die spezifischen Ziele für diese Mission gab ich dann erst im Briefing aus. Oder ein anderer Pilot, sollte mal nicht ich die Formation anführen. Wenn jemand sagte *»Rollen am Boden Standard«* oder *»Anflug zum Tankflugzeug gemäß SOP«* dann wussten jeder, was erwartet wurde und wie es getan wird. Wo Grenzen und Möglichkeiten lagen. Jeder hielt sich an Verfahren. Damit wurden die meisten Vorgehen transparent. Es wurde keine Zeit für Erklärung von bekannten Werten und Zielen verschwendet. Wir konnten uns also um andere Dinge kümmern. Um Inhalte und Ziele des tagesaktuellen Fluges.

Weil dieser Punkt sehr wichtig ist, gehen wir etwas intensiver auf den Aspekt der Ziele ein. Bei jedem Vorhaben/jeder Aufgabe gibt fast immer mehr als ein Ziel. Ich muss also zuerst einmal die Frage der Ordnung der existenten Ziele klären. Ordnung ist nichts anderes als Priorität. Und diese findet sich, wenn wir auf die Perspektive blicken. Ich bin Pilot. Daher bin ich in erster Linie ein Praktiker. Ich betrachte Ziele grundsätzlich aus der Perspektive der Ausführung. Nehmen wir nun also eine solch praktische Perspektive ein, so erkennen wir bei Zieldefinitionen (den Vorgaben also) eine Pyramide, bei der wir stets von oben beginnen. Ganz oben befanden sich für mich als Kampfpilot Ziele und Vorgaben zum Beispiel des Verteidigungsministers. Oder der NATO. Oder der UNO. Diese Dinge waren sehr wichtig. Aber: So gut wie nie detailliert formuliert. Um es verständlich zu machen, hier ein Beispiel:

Nehmen wir an, die deutsche Verteidigungsministerin hatte vor ein paar Tagen an einem brisanten Treffen aller NATO-Verteidigungsminister teilgenommen. Dort stimmte auch er oder sie im Namen der Bundesrepublik zu, die eilig verabschiedete UN-Resolution 08/15 zu unterstützen. Sie war erst wenige Stunden zuvor in einer UNO-Vollversammlung in New York mit dieser klaren politischen Absicht verabschiedet worden: *»Unterstützung der UN-Mission 123 im Land XYZ durch Luftangriffskräfte«.* Die UN verfügte jedoch nicht über ausreichende Truppen/Qualitäten, bat die NATO um Unterstützung. Mit der deutschen Zustimmung lag nun ein erstes politisches und strategisches Ziel vor. Es mussten aber weitere (vor allem konkretere) Ziele folgen, um zur tatsächlichen Ausführung zu gelangen. Im Zuge der nachfolgenden Zieldefinition rutschen wir nun immer eine Etage weiter runter auf der erwähnten virtuellen Pyramide. Solange, bis wir auf der vorletzten Stufe angekommen sind. Genau hier ist nämlich der Punkt, wo es für uns als Praktiker interessant wird. Als TORNADO-Pilot befinden sich hier meine Geschwader- und Staffelführungsziele. Die Ziele und Vorgaben, die mir direkt vor meinem Flug persönlich ausgehändigt werden. Es bleibt noch die letzte Stufe. Sie ist reserviert für mich. Für meine Formation. Praktisch betrachtet bedeutet das: Bis auf die Zieldefinition der letzten Stufe sind alle anderen vorgegeben. Und müssen beachtet und umgesetzt werden. Um persönliche Mission-Ziele (auf der letzten Stufe) festlegen zu können, muss ich mich mit den weiter oben vorgegebenen Zielen exakt auseinander setzen. Dabei fange ich immer von oben an. Um beim Beispiel zu bleiben, die politische Zielsetzung auf oberster Stufe war *»Unterstützung der UN-Mission 123 im Land XYZ durch Luftangriffskräfte«.* Eine Stufe darunter legte tags darauf der zuständige Generalstab etwas konkreter fest:

1. *Herstellung und Sicherung der Luftüberlegenheit*
2. *Unterdrückung der gegnerischen Luftverteidigung*
3. *Lähmung der Kommunikationsfähigkeit gegnerischer Kräfte*

Aus dem ersten politischen Ziel wurden also drei weitere Ziele! Jedes traf theoretisch auf meinen Flug zu. Wäre also nichts weiter festgelegt gewesen, hätte ich in der Bredouille gesteckt. Eine Stufe weiter darunter wurde aber sofort entschieden, dass mein Flug nur Punkt 3 erfüllen sollte. *»Lähmung der Kommunikationsfähigkeit gegnerischer Kräfte«.* Folglich wurde auch nur Punkt 3 von meiner Staffelführung wie folgt genauer definiert: *»Mit lasergesteuerten Waffen die Kommandozentrale am feindlichen Flugplatz ABC bekämpfen«.*

Der Einsatzoffizier meiner Staffel teilte nun für dieses Ziel zwei TORNADO ein, die unter meiner Führung bereits in wenigen Stunden starten sollten. Mit der Zielvorgabe der vorletzten Stufe der Pyramide: *»Mit lasergesteuerten Waffen die Kommandozentrale am feindlichen Flugplatz ABC bekämpfen«.* Damit war zwar bereits genauer festgelegt, was zu tun ist. Doch ausreichend waren die Vorgaben dennoch nicht, um erfolgversprechend zu starten. Denn aus keiner der bisherigen Angaben wurde ersichtlich, was meine Formation exakt tun musste, um die erwünschte Wirkung zu erreichen. Es lag deshalb jetzt an mir, die letzte Stufe mit sinnvollen Inhalten zu füllen. Ich musste alle Vorgaben in geeigneter Weise operationalisieren. Also konkrete (mess- und auswertbare) Missionsinhalte/-ziele definieren. Als Führer der Formation war ich genau dafür zuständig. Für die Operationalisierung der maßgeblich zutreffenden Vorgaben! Mit dem Ziel *»Lähmung der Kommunikationsfähigkeit gegnerischer Kräfte«* beziehungsweise *»mit lasergesteuerten Waffen die Kommandozentrale am feindlichen Flugplatz ABC bekämpfen«* konnte in der Tat viel gemeint sein. Beides musste operationalisiert werden, um es ausführen zu können. Wir halten fest: Als ausführende Instanz schauen Sie erst einmal auf die vorgegebenen Ziele. Beginnen dabei stets von oben. Und leiten dann die für Ihren Erfolg maßgeblichen Handlungsschritte ab. Weil das Thema Definition von Zielen einen kritischen Punkt repräsentiert, werden wir uns später noch einmal intensiver damit beschäftigen.

Lessons Learned

Erinnern wir uns an dieser Stelle an die beiden bisherigen Grundsätze *»train as you fight«* und *»mess- und auswertbar«*. Mein Flug an dem angesprochenen Tag war kein Ernstfall. Zum Glück. Er hätte es aber jederzeit seien können. Seit meiner Teilnahme an *Maple Flag* war einige Zeit vergangen und ich stand der NATO inzwischen als voll einsatzfähig (*Combat Ready*) zur Verfügung. Meine Staffel gehörte zu dem NATO-Krisenreaktion-Team. Wir mussten innerhalb von 48 Stunden voll verlegefähig sein. Ganz gleich, ob es sich um Übung oder Ernstfall handelte, trainierten wir stets so, als wäre es real. *»Train as you fight«*! Denn diese Art des Herangehens an Dinge versetzte uns in die Lage, jederzeit von Simulation (sprich Übung) auf Ernstfall umschalten zu können. Und durch die Einhaltung des zweiten Grundsatzes, Ziele der letzten Pyramidenstufe mess- und auswertbar zu gestalten, waren wir in der Lage, jeden Flug gewinnbringend zu analysieren. Wir konnten erkennen, was richtig beziehungsweise falsch lief. Zogen daraus Schlüsse für die Zukunft. Diese Ableitungen nennen wir *lessons learned*. Sie sind wichtige Lehren für kommende Ereignisse.

Die Sache mit den *lessons learned* sollten wir uns wirklich merken. Wenn wir als Pilot zum Beispiel vor jedem neuen Flug den *lessons learned* der letzten Flüge kurze Beachtung schenken, haben wir eine große Chance, nicht wieder die gleichen Fehler zu begehen. Es genügt, mit allen Beteiligten kurz durch die Punkte zu gehen, die sich nach dem voran gegangenen Flug als wichtig heraus stellten. Dabei sollte man eine inhaltliche Überfrachtung dringend vermeiden. Denn: *»Too much is too much!«* Wenn ich mit unerfahrenen Piloten flog, wurden natürlich mehr Fehler gemacht als bei einer »alten Hasen«-Runde. Logisch. Ich erkannte also im ersten Fall deutlich mehr *lessons learned*. Hätte ich aber beim Flug mit unerfahrenen Piloten jeden Fehler oder jedes Problem im Debriefing als *lesson learned* angesprochen, wäre mit Sicherheit nicht alles hängen geblieben. Viele meiner Notizen wären unproduktiv gewesen und hätten wenig Erfolg gezeigt. Deshalb spreche ich grundsätzlich in Debriefings nur maximal vier Punkte an, die ich genauer analysieren möchte. Als wertvoll für die Zukunft vorstelle. Egal, ob es mehr gibt oder in der Tat nur diese vier. Maximal vier Punkte landen auf meiner Liste. Man muss ein wenig üben, wie man *lessons learned* priorisiert. Das verlangt Zeit. Und klappt sicher nicht beim ersten Mal.

Übertragung für Piloten

Auch als Hobbypilot können Sie die Vorgehensweise des Operationalisierens von Zielen und *lessons learned* natürlich nutzen. Sind Sie Mitglied in einem Flugsportverein? Oder einer Haltergemeinschaft? Ja? Dann suchen Sie doch mal nach vorgegebenen Zielen. Sie finden sie in den Statuten des Vereins, der Vereinbarung der Haltergemeinschaft. Aber auch in rechtlichen Vorgaben und Gesetzen. Haben Sie ein paar wichtige Ziele gefunden, dann überlegen Sie, wie Sie die Dinge erledigt haben möchten. Welche Erwartungen haben Sie dabei an andere? Schauen Sie auf einen typischen Flug. Ihr persönliches Engagement ist gefragt. Was haben Sie meist vor, wenn Sie fliegen gehen? Wie sieht Ihre Route aus? Definieren Sie speziell für diese Vorhaben Ziele auf Basis der rechtlichen/vereinstechnischen Vorgaben und der Erwartungen, die Sie an sich selbst und an andere haben. Immer in Bezug auf den Inhalt des Fluges. Sie landen sich damit direkt auf der untersten Stufe der virtuellen Zielpyramide. Auf der Ebene, auf der

nur Sie verantwortlich sind, konkret zu werden. Absolvieren Sie und Ihre Mitflieger zum Beispiel öfter mal ein paar Landeübungen aus der Platzrunde heraus, so könnten diese beiden (je nach Erfahrungsstand) Ihre operationalisierten Ziele sein:

- *80% der Landungen (also 8 aus 10 oder 6 aus 8) finden zwischen den ersten 50 und 100 Metern der Startbahn statt*
- *In der Platzrunde wird maximal 100 Fuß vertikal vom Flugweg abgewichen und maximal minus 0 und plus 5 Knoten von der geplanten Fahrt*

Wenn Sie einen Streckenflug durchführen, könnten Sie diese Ziele operationalisieren:

- *Ankunft am Einflugpunkt/Wendepunkt innerhalb 2 Minuten von der geplanten Flugzeit*
- *Abweichung der Flugroute maximal 1 NM mit Hilfe der Navigations-Karte (mit GPS können Sie nach dem Flug problemlos die Route nachvollziehen)*

Wichtig ist, dass Sie bei operationalisierten Zielen auf Erwartungen und Fähigkeiten achten. Wenn Sie überzogene Ziele/Sollwerte festlegen, wird es Ihnen (und auch anderen) wenig Freude bereiten, diese tatsächlich erfüllen zu wollen. Erfahrungen und Trainingsstand spielen eine große Rolle. Mess- und Auswertbarkeit müssen stets vorhanden sein. Es muss ein klares *»Ja«* oder *»Nein«* als Antwort möglich sein. Definieren Sie auch nicht jedes Mal neue allgemeine Vorgaben. Standard-Ziele (also Werte) entstehen automatisch und werden somit allgemein gültig. Diese könnten Basis für *Standard Operating Procedures* werden. Das macht Flüge einfacher und transparent. Sie könnten schon bald nach dem Flug sagen: Ziele? Erfüllt!

Man ist nie allein

Der TORNADO ist ein zweisitziges Kampfflugzeug. Jedoch sitzt in diesem Jet nur ein Pilot. Auf dem hinteren Platz trägt der WSO (Waffensystemoffizier) zur Auftragserfüllung bei. Er hat keine Pilotenausbildung und keine Pilotenlizenz. Wenn man auf zivile Zwei-Piloten Cockpits blickt, so stellt man fest, dass beide die gleiche Ausbildung besitzen. Man könnte also denken, das Fliegen in einem Kampfjet sei deshalb ein *solo act*. Zumindest habe ich diese Erfahrung gemacht, wenn ich mit zivilen Piloten über meine militärische Vergangenheit spreche. Ja, ein Kampfflugzeug fliegt in der Tat nur ein Pilot. Er zieht am Steuerknüppel. Er schiebt die Schubhebel nach vorn. Er wirft die Waffen ab. Ich habe trotzdem erst darin etwas Wichtiges gelernt: Probleme löst man nicht alleine. Das gilt im Flugzeug und andernorts. Der Einsatz eines Kampfjets wird erst möglich durch das perfekte Zusammenspiel eines Teams. Pilot und Waffensyste-

Im Tornado ist man nie allein!

moffizier. Mechaniker und Ingenieur. Taktischer Lotse und Tower-Controller. Waffenexperte und Bildauswerter. Sie alle müssen effizient zusammen arbeiten, wenn es darum geht, eine Kommandozentrale zu lähmen oder ein feindliches Flugzeug aus dem eigenen Luftraum zu drängen. Mein Leben als Kampfpilot war das Aufregendste, was ich in meiner beruflichen Karriere erlebt habe. Das gebe ich gerne zu. Es hat mich aber gelehrt, wie man zusammen arbeitet. Im Cockpit eines Überschall-Jet entdeckte ich die Kraft der Gemeinschaft, die sich beim Militär durch bestimmte Attribute immer wieder hervorhebt.

Eines dieser Attribute ist die Kameradschaft. Im Grunde das Herzstück der Fliegerstaffel. Herausforderungen schweißen Fliegerkameraden zusammen. Man geht gemeinsam ans Limit. Riskiert das Leben. Täglich! So etwas verbindet. Das ist ein kleiner aber feiner Unterschied zu einer zivilen Firma oder einem Unternehmen. Es macht das Leben als Kampfpilot in der Tat einzigartig. Dennoch kann man dieses Attribut zu Teilen leicht übertragen. Genau wie in einer Firma versucht jeder Pilot einer Fliegerischen Staffel, besser als andere zu sein. Es jedem zu zeigen. Doch setzt sich auch jeder für die Gruppe ein. Man ist schließlich ein Teil dieser. Das passiert nicht unbeabsichtigt oder zufällig. Es steckt System dahinter. Ein System, das seinen Ursprung bereits in der Ausbildung hat.

Kameradschaft – Kampfpiloten nennen es *mutual support* – hat in der Tat einen großen Anteil am Erfolg. Nicht nur dem einer Kampfjet-Formation. Eines jeden Vorhabens. Die Frage ist, wie übertragen wir *mutual support* in den Alltag? Ich bin es gewohnt, im Team zu arbeiten. Wenn ich, wie am Beispiel *Maple Flag* erklärt, an einem Übungsszenario teilnahm, so wurde nicht nur ich persönlich bewertet, sondern meine gesamte Staffel. Die Gesamtleistung ergab sich aus vielen Einzelleistungen. Auch der meinen. Ich hatte die Staffel mit vertreten. Meine Performance repräsentierte zu jeder Zeit die Leistungsfähigkeit und -bereitschaft meiner Fliegenden Staffel. Aber nicht nur die Leistung der Flieger wurde betrachtet und übertragen. Jeder Pilot und WSO wurde anhand der Leistung der Techniker, Einsatzoffiziere, Waffenspezialisten und so weiter beurteilt. Wir nahmen letztendlich gemeinsam an einer Übung teil. Als Team! So erging es uns und anderen. Entweder konnten wir zusammen eine gute Leistung bringen. Mit Respekt und Achtung abreisen. Oder uns weniger Mühe geben. Gleichgültigkeit und Unlust an den Tag legen. Und dann als Gruppe versagen. Ich behaupte, niemand mag es, nicht Ernst genommen oder belächelt zu werden. Man möchte doch grundsätzlich durch gute Leistung und Kompetenz auffallen. Überall! Das Gemeinschaftserlebnis einer Gruppe zwingt auf diesem Wege Einzelne, kontinuierlich ihr Bestes zu geben. Nennen sie es, wie sie wollen. Für mich ist dies Kameradschaft, Teamgeist, *team spirit*.

Selbstverständlich gab es handfeste Augenblicke des Wettbewerbs in der Staffel. Ich musste dafür nicht zu einer Übung wie »Maple Flag« fliegen. Kampfpiloten sind ehrgeizig und leistungswillig. Sie wollen immer vorn dabei sein. Diese Charaktereigenschaften werden in Ausbildung und durch Routine gezielt verstärkt. Kampfpiloten stehen gern im Vergleich mit anderen. Im Wettbewerb. Diese Dynamik wird insbesondere durch gemeinsame Ziele und Procedures gefördert. Durch *Standard Operating Procedures*. Wenn jeder das gleiche macht, jeder sich an identische Vorgaben halten muss, dann werden Ergebnisse vergleichbar. Transparent. Wenn zudem offene und faire Briefings und Debriefings durchgeführt werden, dann wird Wissen obendrein ausgetauscht. Verteilt. Jedoch: Für jedes Briefing und Debriefing muss es Regeln geben. Es müssen klare und faire Regeln sein. Keiner darf herabgewürdigt oder beleidigt werden. Man wird niemals persönlich. Es werden nur relevante Fakten angesprochen. Keiner hat mehr Rechte. Nicht während des Briefings beziehungsweise Debriefings. Wir bezeichnen dieses Regelkonstrukt die *Briefing-Kultur*. Darauf gehen wir später noch genauer ein.

Vor einem Flug mit mehreren Flugzeugen wird immer ein *formation leader* designiert, der für die Durchführung dieser *mission* verantwortlich ist. Das muss nicht der erfahrenste oder beste Pilot sein. Zwar wird bei Übungen darauf geachtet, dass nur qualifizierte Teammitglieder den Auftrag bekommen, die Staffel zu vertreten. Zu anderen Zeiten dürfen aber auch junge und noch in der Ausbildung befindliche Piloten eine

Führungsrolle übernehmen. Sie müssen ja irgendwie an Verantwortung heran geführt werden. Sie sollen üben. In diesem Fall befinden sich einer oder mehrere erfahrene Luftfahrzeugbesatzungen in der gleichen Formation, die genau hinsehen, was passiert. Sie machen sich Notizen. Geben im Debriefing gezielt Feedback zum Flug. Positiv als auch negativ. Nach festen Spielregeln: Keine Beleidigungen. Kein Sarkasmus. Kein persönlicher Angriff. Kein unqualifiziertes Zwischenreden. Keine Bevorteilung von im Dienstgrad höheren Piloten. Jeder bekommt gleiche Rechte. Und einer kommt nach dem anderen mit Reden dran. Jeder wird ernst genommen. Fair ge-debrieft! Regeln sind da, um eingehalten zu werden. Regeln werden Piloten schon sehr früh vorgemacht. Ausreden, sich nicht an Regeln halten zu müssen, laufen schnell ins Leere.

Durch unsere faire Briefing- und Debriefing-Kultur erlangten innerhalb kurzer Zeit andere Staffelpiloten Kenntnis von meiner Leistung beziehungsweise meinen Fehlern. Wie? Wichtige Punkte meines Fluges wurden im Debriefing besprochen und mit Verbesserungsvorschlägen belegt. *Lessons learned* wurden festgehalten, bevor das Debriefing beendet war. Details wurden nicht nach außen getragen. Blieben unter denen, die tatsächlich am Flug beteiligt gewesen waren. *Lessons learned* aber wurden übereinstimmend abgenickt und nach außen publiziert. Auf diesem Wege erfuhren andere von mir und ich erfuhr von anderen. Wir kannten unsere jeweiligen Stärken und Schwächen. Wichtig ist das Wort *»fair«*. Denn nur eine gerechte Briefing-Kultur kann *team spirit* fördern. Es müssen Spielregeln vorhanden sein und eingehalten werden, wenn es darum geht, Feedback zu geben. Fehler und Stärken werden offen diskutiert. Aber nur unter denen, die etwas mit dem Vorgang (zum Beispiel dem Flug) zu tun haben. Andere Personen haben im Debriefing nichts zu suchen. Auch werden bei der Weitergabe der *lessons learned* keine Namen genannt. Nur der positive oder negative Outcome, der publiziert werden soll. Punkt!

Wenn das Debriefing beendet ist, müssen alle Worte gesprochen sein. Es gibt kein Hinausgehen mit Gedanken auf den Lippen, die man eigentlich noch sagen wollte. Wenn ein Debriefing nach offiziellem Ende der Veranstaltung doch noch weitergeht – es unterhalten sich zum Beispiel einige Beteiligte hitzig auf dem Flur – dann hat der für die Durchführung Verantwortliche etwas falsch gemacht. Das Thema wurde möglicherweise nicht wirklich abgeschlossen. Oder jemand fühlte sich schlecht behandelt. Nicht gehört. Das muss beim nächsten Mal dringend vermieden werden. Auch hier gilt: Übung macht den Meister.

Wir sollten festhalten, dass durch bestimmte Rahmenbedingungen Zusammenhalt und Teamgeist geschaffen werden kann. Diese Rahmenbedingungen kann man überall erschaffen und fördern. Sobald man das Gefühl von Kameradschaft einmal erfahren hat, möchte man es reproduzieren. In jeder Gruppe. In jeder Firma. Der Erfolg ist dann nur noch eine *self-fulfilling prophecy*, eine selbsterfüllende Prophezeiung. Teamgeist ist ein fundamentaler Teil der Arbeit von Kampfpiloten. *Team spirit* ist eine innere Überzeugung, die omnipräsent ist. Kampfpiloten glauben an das Team. Die Bestätigung dafür bekommt man täglich. Eine Zweierformation ist effektiver als ein einzelner Kampfjet. Eine Vierer-Formation kann mehr erreichen als eine Zweier-Formation. Und zusammen mit AWACS und Tankflugzeug kann man die Wirkung nochmal erhöhen. In einer solch simplen Mathematik existieren dennoch kleine Finessen. Es zählt nicht nur einfache Algebra wie 1 + 1 = 2. Nein. 1 + 1 kann unter Umständen sogar 3 oder 4 ergeben. Blicken wir dafür auf die Formation, in der Kampfjets fliegen. Formation ist die relative Position zu- und voneinander. Sie wird immer in der Art und Weise gewählt, so dass ein Maximum an Durchschlagskraft und Selbstverteidigung entsteht. Wenn zwei Jets zusammen in der richtigen Formationsposition fliegen, kann das Ergebnis der Wirksamkeit größer sein als die Wirkung zweier einzelner Kampfflugzeuge. In diesem Fall wäre 1 + 1 also in der Tat mehr als 2. Würden beide Flugzeuge in einer weniger effizienten Position fliegen wäre das Ergebnis von 1 + 1 vielleicht genau 2. Denn man zählt ja trotz ineffektiver Formationsposition dennoch doppelt so viele Flugzeuge, Waffen, etc.

Um Wirkungen zu maximieren ist es nötig, eigene Interessen hinter Interessen des Teams zu stellen. Die Formation ist wichtiger als der einzelne Jet. Wenn wir uns an *B-17*-Bomber im Zweiten Weltkrieg erinnern, kann man sich das leicht vorstellen. Ein Narr wäre jeder deutsche Messerschmidt-Pilot gewesen, der sich unbedacht auf diese träge und verwundbar erscheinenden Ziele gestürzt hätte. Sehr schnell wäre ihm klar geworden, dass Dutzende nach außen gerichtete Maschinengewehre auch einem schnellen Jäger großen Schaden zufügen können. Ein einzelner *B-17*-Bomber oder eine Horde wild zusammen gewürfelter Flugzeuge wären für einen Angreifer kein Problem gewesen. Die richtige Formation, also die Art der Zusammenarbeit, stellte für einen im Grunde überlegenen Angreifer jedoch ein ernsthaftes Problem dar. Und schützte oft vor Angriffen.

Die Kraft von Einzelnen, die sich zusammenschließen, um ein Ganzes zu verwirklichen, darf nie unterschätzt werden. Das ist ein wichtiges Konzept des militärischen Erfolges. Und ein Geheimnis von erfolgreichen Teams. Blicken wir an dieser Stelle noch einmal auf das Thema Ziele, so kann betont werden, dass kein Mitglied eines Teams Interessen der Gruppe in kameradschaftlicher Weise vertreten kann, wenn das Mitglied die Ziele der eigenen Gruppe nicht kennt. Erst gemeinsame Ziele verwandelt eine Gruppe in ein Team. So basiert die Durchschlagskraft einer Formation zwar zunächst auf *mutual support*, automatisch aber auch auf gemeinsame Vereinbarungen und Absprachen, die alle deutlich verstehen. Erfolg basiert auf klaren Zielen. Auf einer Strategie, mit der Ziele erreicht werden können. Es muss sogar ein Ziel geben (oder mehrere), an das alle glauben. Nur das sorgt für Zusammenhalt, Vertrauen, dem wichtigen *team spirit*. Natürlich gibt es hier und da auch immer Menschen, die nur an sich selbst denken. Sie werden jedoch schnell einer Gruppe untergeordnet, wenn die Mehrheit des Teams konsequent klare und verständliche Gruppen-Ziele verfolgt.

Kameradschaft, Zusammenarbeit und gemeinsame Ziele sind in jedem erfolgreichen Team erkennbar. Verwandeln eine Gruppe erst in ein Team. Diese Eckpfeiler sollten auch in eigene Wertesysteme einfließen. Manche Unternehmen führen regelmäßig

Team-Building-Events und Meetings durch. Weiter so. Team-Trainings sind ein effektives Tool, das Team zu fördern. Seit Jahren arbeite ich in meiner Freizeit für eine Flugschule als freiberuflicher Fluglehrer. Bis zu einem ganz bestimmten Zeitpunkt erledigte ich, so wie andere Lehrer auch, gewissenhaft meinen Job. Aber auch nicht mehr. Überdurchschnittliche Motivation und Bereitschaft, sich mehr als nötig einzusetzen, war nirgends zu erkennen. Erst als wir (die Gruppe der Fluglehrer und Mitarbeiter) uns entschlossen, ein sonniges Wochenende am Flugplatz dazu zu nutzen, ein eigenes Sommerfest zu organisieren, spürten wir Teamgeist. Jeder Angehörige – es waren immerhin rund 40 Personen – trug an diesem Tag ein Namensschild. Man kannte sich bisher zwar vom Papier oder vom Sehen, aber so richtig vertraut war man mit keinem. Das änderte sich schlagartig. Wir grillten und genossen ein Bier nach ein paar gemeinsamen Flügen mit den Ausbildungsmaschinen. Der Chef hatte diese von 10 bis 13 Uhr kostenlos bereitgestellt. Wir flogen ohne Flugschüler ein paar Runden. Einer hatte sein Oldtimer-Cabrio dabei. Ein anderer seine Harley. Wir drehten eine Runde mit beiden auf dem Flugplatz. Ein anderer sorgte mit seiner Expertise als Hobbykoch am Würstchen-Grill für Stimmung. Es gab freie Getränke und Speisen, Spiele. Ein Radiomoderator von *Einslive* führte mit guter Laune durch den Tag. Kurz gesagt: Das Team-Building-Event war ein voller Erfolg. Fortan sagten wir mehr als »Hallo« und »Tschüss«, wenn wir uns am Platz zur Übergabe der Schüler oder Flugzeuge begegneten. Wir respektierten die vom Chef gesetzten Ziele und waren jetzt tatsächlich ein Team. Ein Team, das weitaus besser und effektiver arbeitete, als vor dem sonnigen Tag am Flugplatz.

Die **GROSSEN VIER**

Kampfpiloten arbeiten in einem hoch komplexen Umfeld. Sie müssen zu jeder Zeit dreidimensional denken und handeln. Reden in englischer Sprache, meist mit vielen unterschiedlichen Funkstellen. Der eigenen Formation, zivilen, militärischen Luftraum-Kontrolleuren, AWACS, Bodentruppen, Tankern, anderen Kampfjets. Gleichzeitig lasten hohe körperliche Beschleunigungskräfte bis zum Neunfachen des eigenen Körpergewichts auf ihnen. Und dennoch müssen sie bei vollem Bewusstsein Entscheidung treffen, die das eigene und fremde Leben riskieren. Gewisse körperliche Dispositionen sind in der Tat vorteilhaft, wenn man diesen Job erfolgreich ausüben möchte. Brillante Sehschärfe, physische Kraft, schnelle Reflexe. Besonders ist aber ein überdurchschnittlich ambitionierter Charakter von Bedeutung. Kampfpiloten werden nicht ausgebrütet. Oder gentechnisch irgendwo im Labor gezüchtet. Sie werden trainiert. Das war schon immer so. Nicht jedes Flieger-Ass im Ersten oder Zweiten Weltkrieg hatte ein hundertprozentiges Sehvermögen. Oder die besten Reflexe. Und dennoch wurden aus Richthofen, Mölders, Steinhoff und Co. wahre Flieger-Helden. Schon damals wusste das Militär nämlich, wie man aus Fußgängern Kampfpiloten macht. Glauben Sie mir, bis zum heutigen Tage haben sich dieses Wissen und der Prozess um ein Vielfaches potenziert. Man weiß, dass der Entwicklungsprozess über-

Ohne Disziplin, Kameradschaft und Teamwork geht an Bord eines Kampfjets gar nichts.

durchschnittlich verläuft, wenn vier individuelle Eigenschaften besonders ausgeprägt sind. Nennen wir sie die ***GROSSEN VIER***.

Disziplin

Wir reden hier von der Art einer Disziplin, die Angestellte Morgen für Morgen leistungsbereit im Büro erscheinen lässt. Und einen Jet-Piloten nachts um halb vier motiviert aufstehen lässt, um kurz darauf im Briefing für einen gewöhnlichen Routine-Flug zu sitzen. Diese Disziplin ist es, die sich Chefs in der ganzen Welt wünschen. Man findet sie immer zusammen mit Enthusiasmus und Stolz für die eigene Tätigkeit. Inwieweit bereits Begriffe dieser Art im heutigen Arbeitsleben unterspült sind, können uns Soziologen wissenschaftlich belegen. Um Beweise geht es hier aber nicht. Wir wissen, dass Disziplin wichtig ist. Auch ohne faktischen Beweis spüren wir das. Leider mangelt es an vielen Orten an persönlicher Disziplin. Das ist bei Kampfpiloten anders. Auch wenn nicht alle auf Marschieren im Gleichschritt und Schuhputz stehen, so ist dieser Charakterzug in ihnen deutlich vorhanden. Das beginnt beim sekundengenauen Dienstbeginn und endet bei hundertprozentiger Erledigung des Auftrages. Disziplin bekommt man vom ersten Tag in der Offiziersausbildung beigebracht. Vorgelebt. Sie begleitet einen danach das gesamte Leben. Ich selbst hatte als Kind wohl eines der unordentlichsten Zimmer überhaupt. Heute hat alles seinen Platz bei mir. Ich bin ordentlich und strukturiert. Wenn meine Eltern das geahnt hätten! Natürlich habe ich mich in der Grundausbildung gefragt, was ein penibel aufgeräumter Schrank damit zu tun hat, einen Kampfjet zu fliegen. Oder warum ich zwei Stunden ein Gewehr reinigen muss. Wegen der Fliegerei war ich ja überhaupt erst in die Luftwaffe eingetreten. Irgendwann jedoch wurde Ordnung und Disziplin ein normaler Teil meines Alltags – ich hörte auf, die Sinnhaftigkeit von Ereignissen zu hinterfragen. Obwohl ich natürlich weiter kritisch blieb. Ich benötigte nur einfach nicht mehr für alles eine besonderen Grund.

Gut so. Denn die Entwicklung von Disziplin verläuft in der Tat langsam und schleichend. Disziplin ist im Grunde nichts anderes als das Zügeln des eigenen Willens, um diesen besser auf eine Tätigkeit fokussieren zu können. Schaut man auf pensionierte Kampfpiloten so stellt man fest: Es gibt keine schlampigen und nachlässigen Typen! Struktur und Ordnung ist immer zu erkennen. Mal weniger – mal mehr. Für Kampfpiloten ist die Notwendigkeit von Disziplin offensichtlich. Zu viele lebensgefährliche Situationen hat jeder Einzelne in seinem Leben erlebt. Ein ungeordneter Verstand hätte vieles nicht überlebt. Das Erlernen begann in der Grundausbildung. Antreten, Schuhputz, Revierreinigen. Zog sich durch Offiziersausbildung mit peinlichst genauer Anzugordnung und Heftführung. Reichte bis in die Pilotenausbildung, in der jeden Morgen ein fein choreografiertes Briefing durchgeführt werden musste. Erst durch die Fluglehrer vorgemacht (*Lernen am Modell*) – dann von den Flugschülern nach und nach selbst ausgeführt (*learning by doing*). Disziplin sollte am besten von unterschiedlichen Ebenen aus angeregt werden. Sie kommt in der Regel nicht aus einem selbst heraus – ist selten intrinsisch vorhanden. Sie kann und wird überall erlernt. In einem Unternehmen könnte fehlende oder mangelhafte Disziplin verbessert werden, in dem regelmäßig Firmen-Newsletter mit klaren Werten und Zielen, einem offenen Dialog, herausgegeben werden. Preise für besonders herausragende Tätigkeiten, effiziente Ergebnisse ausgelobt werden. Auch öffentliches Lob fördert Disziplin. Gutscheine, Geldprämien für gute Mitarbeiter. Für Ideengeber. Für kreative Köpfe bei neuen Prozessoptimierungen. Auf diese Weise werden die Menschen angesprochen, die willens sind, vorgegebenen Zielen und Werten zu folgen. Sie fühlen sich ernst genommen und werden motiviert. Aber denken Sie daran: Erst muss die Sache mit den Zielen und Werten geregelt sein. Dann kann man an der Motivation arbeiten.

Übertragung für Piloten

Wie trifft dies alles nun auf Privat- und Berufspiloten zu? Sicherlich benötigen auch diese Disziplin. Eine schlampige Flugvorbereitung. Der fehlende Blick aufs Wetter. Unmotiviertes Verstauen des Gepäcks auf dem Rücksitz. Das alles wird sich irgendwann rächen. Und zwar genau dann, wenn man es nicht erwartet. Ein plötzliches Gewitter über dem Platz. Mit Scherwinden, die eine Landung unmöglich machen. Ein paar Turbulenzen im Reiseflug, die das Gepäck durcheinanderwirbeln. Vereisung kurz vor dem Anflug. Gesperrte Rollwege. Für Überraschungen ist in der Fliegerei immer gesorgt. Piloten wissen das. War man vorher diszipliniert und hat man sich über Eventualitäten Gedanken gemacht, wird sich ein Flug weniger herausfordernd entwickeln. Wenn nicht, kommen Dinge überraschend und man weiß oft nicht wirklich, was man tun soll. Dann reicht es nur noch für intuitive Reaktionen. So kann es schnell ungemütlich werden. Wir nennen das »hinter dem Flugzeug sein«.

Wenn ich *Crew Ressource Management*-Fortbildungen für Berufs- und Verkehrspiloten durchführe, gebe ich gern folgendes Beispiel: Stellen sie sich vor, sie sind im Anflug auf einen belebten Flugplatz. Alles läuft soweit glatt. Sie sehen sich innerlich bereits im Feierabend. Kurz vor dem Erreichen der Entscheidungshöhe (*Decision Height*) auf dem ILS (Instrumenten-Landeanflug-System) erhalten sie die Anweisung vom Kontrollturm zum Durchstarten, weil ein anderes Flugzeug noch auf der Landebahn ist. *»Go Around!«*. Piloten haben gelernt, in einem solchen Fall den *Go-Around*-Knopf an den Schubhebeln zu drücken (TOGA). Bis exakt zu diesem Augenblick war wirklich alles in Ordnung. Doch jetzt kommt der Unterschied: Piloten, die sich im Vorfeld Gedanken darüber gemacht machen, wie das Flugzeug neu konfiguriert werden muss (Klappen, Fahrwerk, Spoiler, etc.), welche Geschwindigkeit einzunehmen ist, in welche Richtung gedreht werden soll, wie hoch die vorgeschriebene Höhe für das Verfahren ist, was Purser und Passagieren gesagt werden sollte, und so weiter, der Pilot oder die Pilotin wird den Go-Around-Knopf nicht zögerlich oder sogar mit Angst drücken. Derjenige aber, der sich vorher nicht gedanklich mich dem Fall des Durchstartens auseinander gesetzt hat, für jenen verwandelt sich der TOGA-Knopf in eine Art Panic-Button. Alles bricht auf ihn (oder sie) ein. Einen Plan kann man das kaum mehr nennen. Um dieses Ereignis am Thema Disziplin festzumachen: Der Pilot beziehungsweise die Pilotin im ersten Fall fällt durch persönliche Disziplin auf. Eine deutliche Arbeitserleichterung! Im zweiten Fall herrscht Chaos und Gefahr! Hierüber sind wir uns garantiert einig. Genauso wie darüber, zu welcher Gruppe Sie gerne gehören würden. Achten Sie auf Ihre Disziplin!

Ich vermute, bei Ihnen bleibt die Frage, wie man das nun genau anstellt? Wie verwandelt man Kollegen, Untergebene und Fliegerkameraden in disziplinierte »Kampfpiloten«, die hinter Betrieb, Firma und Verein stehen? Am besten von früh morgens bis spät abends. Sinnbildlich so bereit wie Kampfjet-Piloten, in den tiefblauen Himmel aufzusteigen, um einen Gegner zu besiegen. Alle Ziele 100 Prozent erreichen zu wollen. Es gibt Dutzende von Motivations-Büchern für Verkäufer und Manager. Schlaue Schmöker, die einem erklären, wie man ohne großen Aufwand Organisationsstrukturen verschlanken und Menschen für sich und seine Ziele gewinnen kann. Sie philosophieren von effektivem Management. Führungsqualität. Einer Work-Life-Balance. Ich habe viele solcher Ratgeber gelesen und gebe zu, inhaltlich beinhalten die meisten davon gute und hilfreiche Aussagen. Doch diese Weisheiten machen aus einem Privat- und Berufspiloten keinen »motivierten Kampfpiloten«. Aus einem Angestellten keinen Fighter Pilot, der bereit ist, für sich und sein Ziel alles zu geben. So etwas kann man sich nur von jemandem abschauen, der tatsächlich einer ist – beziehungsweise war. Der Tausende von Flugstunden diszipliniert und motiviert alles gegeben hat, um Ziele zu erreichen. Im Team! Unter Einsatz seines Lebens. Hier liegt der Unterschied zu anderen Ratgebern. Meine Tipps und Tricks sind praktisch, anwendbar, haben bewiesenermaßen Erfolg. Was Sie als Leser daraus machen, liegt allein an Ihnen. Abstrahieren Sie ruhig, wo sie nur können. Machen Sie sich Notizen. Übertragen Sie die Dinge auf Ihr Tun und Handeln. Auch dort, wo ich nicht explizit einen Nutzen beziehungsweise Vorteil anspreche. Richten Sie den Mehrwert der Informationen immer auf sich selbst – und auf Ihr Team. Mein Buch eine Anleitung, die eine nachvollziehbare Ausführung zum Ziel hat. Wir befassen uns nicht mit grauer Theorie. Lernen keine Modelle. Wir packen die Sache an – so wie Kampfpiloten es tun! Ich möchte, dass Sie in Zukunft Ihre Missionen erfolgreich beginnen und beenden. Mit Werkzeugen aus der Praxis, die helfen, Herausforderungen anzunehmen. Mit praktischen *tools*, Werkzeugen zur Auftragserfüllung. Sie sind sehr hilfreich. Im Grunde sind sie immer gleich. Unterscheiden sich nur beim Anwenden.

Ein Beispiel: Als TORNADO-Pilot standen jedes Mal, wenn ich mir den Jet unter den Hintern schnallte, eine ganze Reihe von tools zur Verfügung. Mechaniker, die 24 Stunden am Tag an meinem Jet herumschraubten, nur damit ich ihn für einen kurzen Auftrag in die Luft brachte. Spezialisten, die millimetergenau Waffen und Systeme justierten. Geheimdienst-Abteilungen, die mich mit Karten und Informationen zu meinen Zielen versorgten. Wetterleute, die das Einsatzgebiet den Luftraum beurteilten und

Wetter für meine Formation vorhersagten. AWACS-Flugzeuge, die stundenlang Kreise drehten, um mich mit Infos zu Aktivitäten und Manövern zu versorgen. Tankflugzeuge, die mit Hunderten Tonnen Kraftstoff ihre Runden flogen, um mich sekundengenau mit Kerosin zu bedienen. Verteidigungsstellungen, die unentwegt auf jede Regung blickten, um meinen Flugweg zu schützen. Satelliten, die Fotos und Infrarot-Aufnahmen lieferten. Und zu Guter Letzt: Ich konnte auf ein einzigartiges Training zurückblicken. Ich kannte mein Flugzeug, verstand meine Ziele, meine *Standard Operating Procedures*, hatte keine Fragen zu meinem Auftrag. Ich besaß jedes tool, das ich mir wünschte. Es lag an mir, diese Werkzeuge richtig und effizient einzusetzen.

Bleiben wir also bei diesen Werkzeugen. Sie sind immer identisch. Verändern lediglich ihr Erscheinen in Abhängigkeit mit dem Vorhaben beziehungsweise des Auftrages. Ihre *tools* sind die Mitglieder Ihres Teams. DIe zur Verfügung stehenden materiellen und finanziellen Mittel. Genau wie bei mir. Kollegen, Teammitglieder, Vereinskameraden, Flugzeuge, Autos, Rohstoffe, Maschinen, Budgets, Technologie, etc. Es geht zu jeder Zeit nur darum, diese tools zu erkennen und effizient einzusetzen. In den folgenden Kapiteln werden wir darauf schauen, wie man dies tut. Auch in zeitkritischen Augenblicken. Meine Ausführungen sind nichts anderes als eine Destillation von vielen mit Erfolg verwöhnten Strategien, Prozeduren, Methoden und Standards, die junge Männer und Frauen auf der ganzen Welt nur wenige Wochen nach der Schule allmählich aber sicher in erfolgreiche Kampfpiloten verwandeln. Mittlerweile fliege ich keine Kampfjets mehr, weil die Luftwaffe mich mit 41 Jahren in den Ruhestand verabschiedet hat. Das war so geplant, als ich Anfang der 1990-er Jahre anfing. Ich bin Kapitän von Linienjets, ich fliege den 747 »Jumbo«. Arbeite aber auch als Fluglehrer und *Crew Ressource Management*-Trainer für und mit vielen Piloten. Ich berate Manager, Ärzte und Teams, wie sie Ziele leichter und effizienter erreichen können. Mein Ziel ist grundsätzlich, anderen verständlich zu machen, was ich lernen durfte. Innerlich bleibe ich ein Leben lang der Kampfpilot, der ich 20 Jahre sein konnte. So etwas legt man nicht ab.

Ihr Erfolg beginnt bei persönlicher Disziplin und der Bereitschaft zu konsequentem Teamwork. Nimmt den Weg über effiziente Planung, klare Briefings und konzentrierte Ausführung. Und endet bei aufmerksamer Beobachtung, Beurteilung und Debriefing aller erledigten Aufgaben und Prozesse. Von diesen wenigen Punkten hängt jedes Gewinn-Verhältnis ab. Dieser Weg definiert das Maximum an Freude und Spaß am Tun. Es spielt keine Rolle, wo und für was meine Darstellungen genutzt werden. Die Regeln und Prinzipien sind stets identisch. Am Ende stehen immer folgende Fragen: Gewinnen oder Verlieren? Erfolg oder Misserfolg? Vorbereitet oder nicht vorbereitet? Etwas erreichen oder anderen beim Erreichen zusehen? Kommen wir nach Disziplin zum zweiten Punkt der ***GROSSEN VIER***.

Aufmerksamkeit für die Details

Disziplin findet erst ihre Vollendung in der *Aufmerksamkeit für Details*. Es gibt keinen Teil in der militärischen Pilotenausbildung, in dem nicht darauf Wert gelegt wird, rigoros auf Details zu achten. Oft sind es nämlich gerade die kleinen Dinge, die den großen Unterschied machen. Ein winziger Schalter irgendwo im Cockpit, den man leider vergessen hat umzulegen. Und Schwupps – die Waffe fällt nicht ab. Der ganze Flug war umsonst. Oder ein kleines Lämpchen, das man nicht sieht. Und Zack – ein ganzes System fällt aus. Unsere *tools* wurden in diesen Fällen möglicherweise vollkommen ergebnislos verwendet oder eingesetzt. Oder ein nur wenige Zentimeter großer Sicherungsstift, den man versehentlich vor dem Start vergessen hat, aus dem Schleudersitz zu entfernen. Wenn man dann den Notausstieg benötigt, so wird der Schleudersitz nicht funktionieren, weil dieser kleine Stift noch drin steckt. Dieses kleine Detail kostet zu 100% das eigene Leben. Solche Lektionen sind *»mit Blut geschrieben«*, wie Kampfpiloten es gern ausdrücken. Irgendjemand hatte bereits eine Erfahrung gemacht – und meist auch dafür bezahlt. Mit dem Leben oder der Ehre. Inwiefern *Achtsamkeit für Details* für Privat- und Verkehrspiloten wichtig ist, kann jeder Flieger selbst beurteilen. Das muss ich wirklich nicht erklären. Pilot ist Pilot. Details sind in jedem Flug und bei jeder Situation extrem wichtig.

Nicht nur in der Luftfahrt haben kleine Dinge – Details – ihre Wichtigkeit. Auch im Geschäfts- und Privatleben können sie oft eine enorme Wirkung zeigen. Ein unglücklicher Rechtschreibfehler in einem wichtigen Auftragsangebot. Die unkorrekte Benennung eines Gerätes im Katalog. Eine winzige Nebenwirkung eines Medikaments, die nicht beachtet oder erwähnt wird. Das sind Kleinigkeiten, können aber große Konsequenzen nach sich ziehen. Es ist in der Tat leicht, sich in Philosophien über das Große und Ganze zu verlieren. Über das *Big Picture* zu diskutieren. Jeder, der sich mit Führung und *Leadership Skills* befasst, kann davon ein Lied singen. Die wirkliche Arbeit liegt aber oft gerade im Detail. *Disziplin* und *Aufmerksamkeit für die Details* sind Dinge, die in der Fliegerei den Unterschied zwischen einem reibungslosen Flugverlauf und einem großen Loch im Boden ausmachen können. Kampfpiloten achten auf sowohl das *Big Picture* als auch auf die Details. So etwas muss man üben.

Zuversicht

Während Verfehlungsquoten auch weiterhin Teil des strikten Auswahlprozesses für Kampfpiloten sind, so hat die Luftwaffe aber inzwischen verstanden, dass es sich mehr empfiehlt, *Zuversicht* und Selbstbewusstsein gezielt zu verstärken, als knallhart junge Flugschüler/-innen aus dem Training zu werfen. Weil sie anfangs zum Beispiel nicht ausreichend Talent oder Können vorweisen. Für jeden Flugschüler kommt irgendwann der Zeitpunkt, zu dem die Zuversicht in die eigene Tätigkeit aufblüht. Man fühlt sich plötzlich viel wohler bei dem, was man tut. Während man Tage zuvor noch ein mulmiges Gefühl hatte. Für mich kam dieser Zeitpunkt nach etwa 40 Flugstunden auf der *T-37 »Tweet«*, einem Unterschall-Trainingsflugzeug im Trainingsprogramm ENJJPT. Mein erstes Solo hatte ich nach 18 Stunden gründlich verhauen. Es hagelte Kritik von allen Fluglehrern. Mein Selbstbewusstsein war am Boden. Schnell zeigte mir jedoch mein Fluglehrer, dass ich die an mich gestellten Aufgaben trotzdem bewältigen konnte. Mehr noch: Dass ich sie teilweise sogar besser als andere bewältigte. Er verabreichte mir sinnbildlich die *Zuversicht* mit dem großen Esslöffel. Und siehe da: Auf einmal sah ich die Dinge klarer. Meine Hände bewegten sich strukturierter im Cockpit als Wochen zuvor. Ich spürte auf einmal den Jet förmlich. Dieses Gefühl habe ich nie verloren. Es dauert nicht lang und ich werde eins mit meinem Flugzeug. Natürlich gab es hier und da auch Tiefen in meiner Fliegerkarriere. Keine Frage. Das passiert jedem. Doch Fakt ist: Das Gefühl auf der T-37 kam nicht zufällig. Oder nur, weil es dieser bestimmte Fluglehrer war. *Zuversicht* konnte aus dem Grunde entstehen, weil das Ausbildungsprogramm darauf ausgelegt war, das Selbstbewusstsein der Schüler gezielt zu erhöhen. Man baute uns nach fester Regel strukturiert auf. Durch planmäßige Reihung von kleineren und größeren Erfolgen. Absolut nicht wahrnehmbar am Anfang. Aber mit deutlich kumulativem Effekt. Das ENJJPT-Pilotenprogramm ist allein schon deswegen ein Musterbeispiel für die Ausbildung. Es prägt wie kein ein anderes Training in sehr kurzer Zeit und äußerst nachhaltig den Charakter vieler junger Menschen aus allen Herren Länder.

Übertragung für Piloten

Ähnliche Ergebnisse können auch Sie erreichen. Sorgen sie planmäßig und dauerhaft für kleine Erfolge bei Ihren Mitarbeitern und Kollegen. Und sogar bei sich selbst. Oder bei Fliegerkameraden. Wenn Sie jemanden kennen, der häufig gute Arbeit abliefert, so lassen Sie doch mal spontan die Belegschaft »antreten«. Loben Sie diesen Mitarbeiter oder diese Mitarbeiterin im Beisein anderer. Beschreiben Sie die besondere Leistung. Gratulieren Sie öffentlich. Das fördert Zuversicht. Und damit Erfolg. Auch im Fliegerclub ist so was möglich. Schauen Sie auf die Piloten unter ihnen, die die Halle regelmäßig am saubersten hinterlassen. Oder auf diejenigen, die die Frontscheiben

An der Arbeit gehört Spass immer dazu.

der Flugzeuge grundsätzlich nach jedem Flug reinigen. Die ein wenig mehr als andere tun. Heben Sie diese außergewöhnlichen Bemühungen und Leistungen zu passender Zeit hervor. Beim Landebier, beim Stammtisch oder durch den nächsten Email-Newsletter an Vereinsmitglieder. Gerade für Privatpiloten ist diese Art des Aufbaus von *Zuversicht* interessant, kommt nämlich Können und Sicherheit leichter durch häufige Wiederholung von Dingen. Dadurch, dass Flugstunden aber grundsätzlich teuer sind, mangelt es vielerorts an Wiederholung. Und damit automatisch an Erfahrung. So schleppt man sich von einem Jahr ins nächste mit kaum wahrnehmbarer Verbesserung der eigenen Fertig- und Fähigkeiten. Das muss nicht sein. Es gibt das Mittel der Verstärkung. Des gezielten Aufbaus der *Zuversicht*. Bei sich selbst und bei anderen. Wenn sie Flüge mit mess- und auswertbaren Zielen belegen und Ergebnisse mit Hilfe von Kamera, Pilotenkollege/-in, Checkliste, Notizblock, iPad im Nachhinein analysieren, dann werden sie schnell feststellen, dass sie mehr Fortschritte machen können als bisher. Schreiben Sie sich die *lessons learned* auf. Nehmen Sie sie als Grundlage für kommende Flüge. Es reicht oftmals schon, Fehler und Probleme vom letzten Mal ein weiteres Mal intensiv zu reflektieren. So stellen Sie langsam aber sicher Missstände ab und die Expertise wird stetig wachsen.

Verständnis für die Arbeit

Als vierten Punkt der ***GROSSEN VIER*** (neben *Disziplin, Aufmerksamkeit für Details* und *Zuversicht*) wird Verständnis für die Arbeit benötigt. Nehmen Sie das unbedingt in Ihre To-Do-Liste mit auf. Niemand hatte mich als Teenager gezwungen, Kampfpilot zu werden. Auch Sie werden in den meisten Fällen keinen Zwang bei der Wahl Ihrer Ausbildung, des Berufes oder Ihrem Hobby gespürt haben. Unsere Wahl war freiwillig oder zufällig. Wenn ich mich an meine TORNADO-Zeit zurück erinnere, so kann ich behaupten, dass alle Piloten der Staffel *Verständnis für ihre Arbeit* hatten. Jedoch nicht unbedingt von Beginn an. Erst ging es nur um das Bestehen einzelner Abschnitte. Einstellungstest. Screening. Assessment Center. Simulator. Medizinische Untersuchung. Überlebenstraining. Offiziersprüfung. Und so weiter. Das Verständnis für die eigene Tätigkeit kam später. Ich musste mich gegen 17.000 Bewerber meines Jahrgangs durchsetzen, um im Frontsitz eines Kampfjets Platz nehmen zu dürfen. Den meisten meiner Kameraden erging es ähnlich. Auch bei Ihnen wird es so gewesen sein, dass auch andere den Job haben wollten. Das bedeutet: Erfolg gibt es nur mit viel Anstrengung und überdurchschnittlichem Willen. Mit einer guten Portion Mut und ein wenig Glück. Zu Anfang liegt der Fokus nur darauf, den nächsten Test beziehungsweise Eignungsüberprüfung zu überstehen. Also nicht aus der Ausbildung beziehungsweise Selektion herausgeworfen zu werden. Bei mir mussten immer wieder Kameraden die Koffer packen. Während einer solchen Phase existiert kein *Verständnis für die Arbeit*. Der Blick reicht schlichtweg nicht weit genug.

Nach Abschluss der Ausbildung oder Auswahl kann sich so etwas jedoch schnell ändern. Ich flog nach meiner Zeit in ENJJPT nicht mehr, um unvermeidbare Tests zu bestehen oder fremde Ansprüche zu befriedigen. Ich stieg ins Cockpit, weil es mein Job war. Und weil es mir wirklich Spaß und Freude bereitete. Mich begeisterte. Ich zeigte hohe Leistungsbereitschaft nur der Tätigkeit wegen. Ich war sozusagen eine innere Bindung zu meiner Arbeit eingegangen. Es wurde mir sogar eine Ehre, diese Verpflichtung zu erfüllen. Ich erledigte meinen Job, so gut ich konnte. Kampfpiloten wissen, was es heißt, die Pflicht zu erfüllen. Und diese Pflicht unterscheidet sich von sturer Loyalität. Glauben Sie mir. Denn entgegen häufiger Meinung besaß ich als Kampfpilot die Freiheit und Reife, Dinge zu hinterfragen. Ich wählte vollkommen freiwillig, meinen Job zu erledigen. Gegebenenfalls unter Einsatz meines Lebens.

Übertragung für Piloten

Rufen auch Sie diese freiwillige Pflicht bei Mitarbeitern und Fliegerkameraden ab. Bei sich selbst! Ich ermutige Sie nachdrücklich, das zu tun. Es trägt immer dazu bei, dass man erfolgreicher und zufriedener ist. Man steht so im Einklang mit der äußeren und inneren Erwartungshaltung. Leider versäumen viele Menschen, hierauf zu achten. Die Empfindung von Pflicht wird oftmals als lästig und unbequem erachtet. Das muss es nicht. Das Ziel sollte immer Spaß und Freude sein. Verbessern können Sie die Wahrnehmung zum Beispiel dadurch, in dem sie Kultur und Ziele (des Vereins, der Firma) für Beteiligte offenlegen. In Gesprächen, Emails, Briefings, *Standard Operating Procedures*. Erklären sie deutlich und klar Herkunft und Ursprung von Regeln und Verfahren. Machen Sie transparent, wofür Sie selbst persönlich stehen. Geben Sie offen Erfolge aber auch Fehler zu. Definieren Sie Ziele in der Art, wie wir es besprochen haben. Stellen Sie Visionen vor. Ab und zu sollte für alle das *Big Picture* deutlich werden. Nichts verärgert Menschen mehr als zu hören: *»Das verstehen Sie nicht, weil Sie nicht das Große und Ganze im Blick haben!«* Gehen sie emphatisch auf andere ein. Auf Einwände und Zweifel. Das beschleunigt auch das individuelle Gefühl von *Verständnis für die Arbeit*. Trennt es ab von der unbequemen Pflicht. In manchen Firmen oder Flugsportvereinen sehe ich Fotos an der Wand, die gemeinsame Erfolge zeigen. Jahreszahlen, Namen, Hintergründe zu bestimmten Ereignissen. Das ist eine gute Methode, Zusammenhalt zu stärken. Vermitteln Sie konsequent den Eindruck, dass es etwas Größeres gibt, als Überstunden, Gehaltszettel und Halle fegen. Etwas Wichtigeres als den Wochenend-Dienst als Flugleiter oder Sonntagabend die Flugzeuge zurück zu schieben. Genauso wie die Luftwaffe ihren Piloten mehr als den puren Reiz verspricht, einen Überschalljet fliegen zu dürfen, können auch Sie Freunde und Kameraden auf eine Loyalitätsreise mitnehmen. Entwickeln Sie sich doch gemeinsam. Alles, was Sie dafür benötigen, können Sie haben. Regeln und Ziele. Transparent und erkennbar für alle. Sie werden feststellen, dass mehr Menschen das abliefern, was der Fliegerclub, die Firma, das Krankenhaus, der Konzern benötigt: Kameradschaft und Gefühl für das Team. Den Willen, mit persönlicher *Disziplin, Achtsamkeit für Details* und *Zuversicht* gemeinsam gesetzte Ziele erreichen zu wollen.

How to do it!

Kampfpiloten sind definitiv ein homogener Haufen. Zwar kommen alle als Individuum – arbeiten aber nur als Team. Werte und Ziele halten sie hoch. Stehen gemeinsam füreinander ein. Zur Not mit dem eigenen Leben. Werte und Ziele sind für sie wichtig, wichtiger als der Einzelne selbst. Denn nur mit eigenen Zielen kommt ein Kampfpilot nicht weit. Er braucht das Team. Um dies zu verwirklichen, brauchen wir die ***GROSSEN VIER***. Behalten sie folgende Dinge unbedingt im Auge:

- In einem funktionierenden und erfolgreichen Team muss **Kameradschaft** vorhanden sein. Das ist die menschliche Verbindung zwischen Mitgliedern eines **Teams**, die durch gemeinsames Training und Ziele aufgebaut werden kann.
- Ein **Team** handelt als Einheit, weil alle Mitglieder **gemeinsame Ziele** verfolgen und füreinander einstehen. **Ziele** und **Werte**

werden von allen anerkannt. Zum Beispiel in Form von verständlichen *Standard Operating Procedures*.

- Auf der individuellen Ebene zeigt jedes Team-Mitglied stolz eine persönliche **Disziplin**.
- **Disziplin** äußert sich durch **Aufmerksamkeit für die Details**.
- Piloten handeln, sprechen und agieren mit **Zuversicht**. Alle Mitglieder von erfolgreichen Teams tun das. Unsicherheit verschwindet, wenn **kontinuierliches Training** und **Werte** verbindlich und für alle eingeführt werden.
- In jedem Team muss **Selbstverständnis für die Arbeit/Tätigkeit** vorhanden sein. Kampfpiloten beginnen damit zum Beispiel, wenn sie nach Abschluss ihrer langen Pilotenausbildung förmlich ihre Pilotenlizenz überreicht bekommen.

Kapitel 3
Selbstorganisation

Ja, ich war fast 20 Jahre lang Soldat. Habe aber mit Sicherheit keine Kriege geführt. Nirgends in blutigen Schlachten gekämpft. Auch haben meine Fliegerkameraden so etwas nie getan. Selbst wenn man dies vielleicht denken könnte. Schließlich war ich ja fast zwei Jahrzehnte TORNADO-Pilot. Afghanistan, Libyen, Irak, Kosovo, Syrien, Mali, Somalia, Ukraine und Russland. Die Tagespresse schaut gern auf Krisengebiete und Bundeswehreinsätze. Verwendet dann spektakuläre Worte, um die Auflage zu erhöhen. Ich könnte es also durchaus verstehen, wenn Sie meinen, ich habe Krieg geführt. Nein. Wenn überhaupt, war ich Teil eines Konfliktes. Für mich hieß es immer: Kampfjet gegen Kampfjet. TORNADO gegen Bodenabwehrstellung. Das ist ein großer Unterschied. Für mich und für Sie. Denn auch Sie »kämpfen« nicht an der Front eines Krieges. Auch Sie führen keine Schlachten. Wenn, dann sind wir alle Teil verschiedener Konflikte. Konflikte sind im Gegenteil zu Kriegen örtlich und zeitlich streng begrenzt. Und: Wenn wir es richtig machen, dann gewinnen wir einen Konflikt. Einen Konflikt mit schweren Aufgaben. Mit Stress. Mit knapper Zeit. Machen wir es hingegen nicht richtig, dann...! Naja, denken wir nicht hierüber nach. Erfolg liegt uns nämlich viel mehr am Herzen als Scheitern. Tief in uns drin sollte bei jedem die Überzeugung vorhanden sein, optimistisch an Dinge heran zu gehen. Positiv zu denken. Etwas polemisch könnte ich sogar Barack Obama zitieren: *»Yes, we can!«*

Ein Konflikt ist im Grunde die kleinste Ebene, wenn Probleme auftreten. Und Probleme wollen grundsätzlich gelöst werden. Das bedeutet: Konflikt ist nur ein anderes Wort für Herausforderung. Beides ist örtlich und zeitlich begrenzt. Für einen Kampfpiloten kann ein Konflikt nur bei der Ausführung auftreten. Konflikte sind nichts anderes als gewisse Hindernisse auf dem Weg zur erfolgreichen Durchführung des Auftrages. Und die Ausführung ist der Flug inklusive Vor- und Nachbereitung. Um es gewohnt konkret zu machen: Wenn ich als TORNADO-Pilot meinen vorgegebenen Flugauftrag erfolgreich beende, mein *wingman* seinen Flugauftrag erfolgreich abschließt, meine Staffelkameraden ihre Aufträge positiv beenden und so weiter, dann gewinnen wir. Konflikte müssen also gelöst werden.

Im Cockpit eines Kampfjets geht es um Leben und Tod. Das macht die Tätigkeit in gewisser Hinsicht einmalig. Wir können dieses Prinzip aber dennoch übertragen. Wenngleich nicht mit identischen Risiken. Jeder von Ihnen erfüllt irgendwie eine Aufgabe. Im Privatleben. Im Verein. An der Arbeit. Weil wir inzwischen über die ***GROSSEN VIER*** bestens Bescheid wissen, erledigen wir alles, so gut wir können. Wir sind immer voll bei der Sache. Meist sind wir dabei nicht allein. Wir erinnern uns an den Wert von Kameradschaft. Von Teamgeist. Wenn nun am Ende (eines Tages, einer Frist, eines Jahres) alle Aufgaben erledigt sind, stehen Gewinner und Verlierer fest. Das ist immer und überall so. Glauben Sie nicht? Wetten, dass! Wenn nicht *Sie* die Versicherungspolice verkaufen, tut es eben ein anderer. Wenn nicht *Sie* den Kunden überreden, PCs von Ihrer Firma zu kaufen, wird ein anderer Hardware-Ausstatter den Deal bekommen. Wenn nicht *Sie* das Eis-Cafe in der neuen Shopping-Mall eröffnen, kommt jemand anderes und macht den Umsatz. Und so weiter.

Gehen wir einen Schritt weiter. Wir wollen hier keine Fehler machen. Egal wobei: Es gibt Gewinner – und es gibt Verlierer. Es kommt nur auf die Perspektive an. Wir wollen das aber nicht mit dem kapitalistischen Auge betrachten. Gewinnen bedeutet für mich innere Zufriedenheit. Eine sichere Zukunft. Glückliche Mitmenschen. Mit dieser Sicht entfernen wir uns von dem nicht immer positiv angesehenen Streben nach betriebswirtschaftlicher Gewinnmaximierung. In meinem »Geschäft« bedeutet Gewinnen: Der eine fliegt nach Hause. Und der andere nicht! Also kommt es auch bei mir immer darauf an, wie gut oder schlecht ich meinen Job mache. Wir alle »kämpfen« jeden Tag, der oder diejenige zu sein, der vorne liegt. Wir wollen den Deal klarmachen. Sehen Ihre Ergebnisse nun ähnlich zufriedenstellend aus wie bei mir? Habe tausende Flüge erfolgreich hinter mich gebracht. Das war möglich, weil ich rigoros auf die ***GROSSEN VIER*** achte. Doch das allein genügt noch nicht. Denn damit legen wir nur die Rahmenbedingungen fest. Es ist ein wirklich guter Anfang. Das ist mal sicher.

Um jedoch regelmäßig erfolgreich zu sein, müssen wir innerlich vorbereitet sein. Und ich meine *vorbereitet*. Wir müssen zu 100 Prozent überzeugt sein, Erfolg haben zu wollen. Sie sollten so determiniert sein, dass sie sich gedanklich in die Schultergurte Ihres Schleudersitzes lehnen, so wie ich in meinem Cockpit, wenn ich bei Schallgeschwindigkeit in wenigen Metern Höhe Ausschau nach Flugzeugen gehalten habe, die mich unbemerkt angreifen, bedrohen oder sogar abschießen wollten. Ich möchte Ihnen deutlich machen, dass jeder Schritt, den Sie tun, jede Sache, die Sie erledigen, jede Entscheidung, die Sie treffen, wichtig ist. Sämtliche Ergebnisse Ihrer Konflikte beeinflussen den Erfolg. Und damit natürlich den Erfolg des gesamten Teams. Die Ausführung macht hierbei den Unterschied. Für mich: Den Unterschied zwischen Leben und Tod! Für Sie: Den zwischen Provision und Pleite. Zwischen Spaß und Frustration! So habe ich jedes Mal gedacht, wenn ich mir den Jet umgeschnallt habe. Und ich habe ihn mir mehrere Tausend Male umgeschnallt. Der bewährte Grundsatz *»train as you fight«* sorgt bei mir dafür, dass ich immer und überall bereit bin. Ich möchte, dass auch Sie so denken und handeln. Sie müssen wirklich aus tiefer innerer Überzeugung den Erfolg wollen!

Übertragung für Piloten

Wenn sie Hobby- oder Sportflieger sind, schlage ich vor, dass Sie sich ab sofort die innere Einstellung aneignen, die sie dauerhaft spüren lässt, dass das, was Sie tun, das Richtige ist. Stehen Sie offen für ihr Hobby ein. Freuen Sie sich darauf, zum Flugplatz zu fahren. Spüren Sie es nicht als lästige Verpflichtung, vor dem Flug auch erst noch Tanken zu müssen. Auch wenn Sie nur mal wieder am Flugzeug arbeiten müssen. Oder Gleichgesinnte am Platz treffen. Verbinden Sie diese Erlebnisse mit der Freude an der Ausführung. Schließen Sie neue Bekanntschaften, die die gleiche Leidenschaft teilen. Zögern Sie nicht, auf andere Piloten zuzugehen. Fragen Sie nach deren Erfahrungen. Lesen Sie in Internetforen, abonnieren Sie Newsletter zum Thema Luftfahrt.

Gehen Sie engagiert und selbstbewusst an Flüge heran. Auch wenn diese einfach und simpel erscheinen. Nehmen Sie sich dann trotzdem etwas Besonderes vor. Eine Notlandeübung zum Beispiel. Oder noch genauer als beim letzten Mal zu navigieren. Reibungsloser funken. Wie war das noch mal mit den *lessons learned*? Setzen Sie sich mess- und auswertbare Ziele. Erstellen Sie sich eine persönliche SOP, wenn Sie nicht Mitglied eines Vereins oder Haltergemeinschaft sind. In Vereinen und Eignergemeinschaften sollten ohnehin *Standard Operating Procedures* vorhanden sein. Setzen Sie sich direkt für das kommende Flug-Wochenende ein paar Ziele: Sie werden die beste Landung des Tages am Heimatflugplatz hinlegen. Achtung: »Beste« muss dabei genau definiert werden: In den ersten so und so viel Metern der Bahn. Maximal so und so viel neben der Mittellinie aufsetzen. Und so weiter. Oder Sie nehmen sich vor, den genauesten Anflug durchzuführen. Also perfekte Geschwindigkeits- und Höhenkontrolle. Plus minus so und so viel Knoten und Fuß. Vielleicht klappt es ja nicht bereits beim nächsten Mal. Aber glauben Sie mir, mit der richtigen Einstellung, Disziplin und Übung wird es Ihnen gelingen. Sie werden es merken. Und Sie werden Freude an Ihrer neuen positiven Einstellung bekommen.

Einer gegen Einen

Für einen Pharma-Vertreter ist nicht die fremde Pharma-Firma die Konkurrenz. Die Konkurrenz ist nur der Pharma-Vertreter dieser anderen Firma. Gleiches trifft auf Computer-Programmierer, Verkäufer und andere Berufe zu. Das klingt haarspalterisch. Ist aber wichtig. Denn genauso stellte es für mich als Kampfpilot dar. Mein Gegner war nicht das Land oder die Region, wohin mich die NATO entsandte, um zum Beispiel die angesprochene UN-Resolution durchzusetzen. Mein Gegner war in einem Augenblick der Operateur der feindlichen Radarstellung, die versuchte, mich abzuschießen. Im anderen Moment der Pilot des Kampfflugzeuges, der sich hinter mich zu navigieren versuchte, um mir eine Rakete zu verpassen. Zur Übung und im Ernstfall. Bei Tag und bei Nacht.

Dieser Unterschied ist essentiell. Denn nur wenn ich meinen Gegner kenne, mich auf meine Konkurrenz einstellen kann, kann ich auch gewinnen. Ich muss Antworten auf Fragen wie diese finden:

- Ist er oder sie besser vorbereitet?
- Wenn ja, warum?
- Was kann ich tun, um noch besser vorbereitet zu sein?
- Über welche Ressourcen verfügt der Gegner?

Um zurück auf den Pharma-Vertreter zu kommen, könnte ich mich folgendes fragen:

- Weiß der andere Vertreter auch, wie viele Kopfschmerztabletten, Nasentropfen, Halstabletten von diesem speziellen Kunden benötigt werden?
- Kennt die Konkurrenz die Vor- und Nachteile ihrer Produkte genauso gut wie ich die Vor- und Nachteile meiner?
- Hat auch er/sie Kontakt zu der Arzthelferin des Doktors?
- Kennt er/sie mich überhaupt?
- Kennt er/sie meine Stärken/meine Schwächen?

Falls vieles hiervon nicht zutrifft, muss ich mir überhaupt keine Sorgen machen. Ich folge einfach meinem Plan. Mit der richtigen Einstellung – den ***GROSSEN VIER*** – werde ich gewinnen. Denn ich kenne alle Antworten auf diese Fragen. Und auf noch viele andere. Denn ich bereite mich grundsätzlich bestens vor!

Ehrlich gesagt: Genauso denken alle Kampfpiloten! Sie schauen hinter die Kulissen. Fragen intensiv nach, wo die Schwächen des Gegners liegen. Wie lang kann das andere Flugzeug im Luftkampf bleiben, bevor es nachtanken muss? Wie weit reichen die feindlichen Raketen von vorn, von der Seite, von hinten? Wie effektiv kann das fremde Radar mich bei 40, bei 30, bei 20 Meilen auffassen? Was für Anzeigen erhalte ich in diesem Fall in meinem Cockpit? Wie trainiert ist der andere Pilot? Fliegt er nur Minimumstunden im Jahr? Oder nimmt auch er regelmäßig an Übungen (wie *Maple Flag*) teil? Wie gut kann ich mein Bodenziel auch bei schlechter Sicht erkennen? Was, wenn das anzugreifende Fahrzeug zu gut getarnt ist, um es sofort zu sehen?
Fragen dieser Art führen zu einer inneren Einstellung, die ich vor wenigen Minuten mit *»Sich-voll-ins-Gurtzeug-lehnen«* meinte. Wenn sie das nächste Mal morgens aufwachen, dürfen sie es nicht abwarten können, ins Büro oder den Laden zu kommen. Sie wollen mit fester Überzeugung vorbereitet sein auf den ersten Kunden, auf die erste Aufgabe des Tages. Sie wollen eine Antwort auf eine Frage parat haben. Weil sie selbst intensiver vorbereitet sein möchten als andere um Sie herum. Wenn sie als Pilot das nächste Mal in Ihr Flugzeug steigen, nehmen Sie sich vor, irgendetwas besser und genauer zu tun als beim letzten Mal. Und sei es noch so ein kleiner Unterschied in der Bedienung eines Geräts. Des Autopiloten. Lesen sie sich dafür mehr Wissen an. Hinterfragen sie Dinge, die passieren. Briefen Sie Ihr Team. Beweisen Sie sich selbst, dass Sie besser vorbereitet sind!

Jenseits der Schallgeschwindigkeit

Um genauer zu ergründen, wie dies alles vollzogen werden kann, schauen wir auf unsere Tagesabläufe. Ich erzähle Ihnen jetzt mal, wie es sich anfühlt, ein Kampfpilot zu sein. Im Anschluss blicken wir auf Ihren Job. Jahrelang habe ich in einem sehr technischen Umfeld gearbeitet. Bevor ich in meinen Jet steigen durfte, musste ich alles darüber lernen. Hydraulik-und Kraftstoffsystem. Schleudersitz- und Triebwerkkunde. Waffen- und Satellitentechnik. Navigation. Meteorologie. Führungsstile und Unternehmenskulturen. Stress. Und so weiter und so fort. Hatte ich das alles irgendwie drauf, musste ich erlernen, den Jet sicher in die Luft zu kriegen und wieder zu landen. Ich musste herausfinden, was ich als Pilot drauf hatte. Und was nicht. Hatte ich diese Grundsteine gelegt, benötigte ich als nächstes Infos über mögliche Gegner. Über Einsatzarten und -gebiete. Ich schaute auf Gewohnheiten, Stärken und Schwächen fremder Flugzeuge und Piloten. Ich musste schlichtweg die Leistung anderer Kampfjets kennen. Und die Vor- und Nachteile meines TORNADO in Relation dazu. Wie effizient und schnell kann eine SU-27 eine 360-Grad Kurve fliegen? Wie hoch steigt eine MIG-29? Welche Waffen kann ich erwarten? Wie effektiv erfasst mich eine SA-8-Rakete in 30 Meter Höhe mit dem Radar? Was muss ich tun, damit sie mich wieder vom Radar verliert? Ich musste sehr genau Details zu möglichen Störmechanismen kennen. Dutzende von Reichweiten und Limits im Kopf behalten. Vor- und Nachteile von unterschiedlichen Antennen kennen. Ich musste aber auch genau das lokale Wetter im Auge haben. Meinen Ausweichplan im Kopf parat halten, sollte ich mich mal über gegnerischem Gebiet mit dem Schleudersitz aus meinem Flugzeug retten müssen. Dies und noch vieles mehr musste einfach sitzen, bevor ich ins Cockpit stieg. Einmal in der Luft, war nun alles in schneller und dreidimensionaler Bewegung. Meine Hände waren gezwungen, blind Hunderte Schalter und Hebel zu finden. Zum Hinschauen bleibt in Bodennähe oder enger Formation keine Zeit. Ich musste mir innerhalb von Sekundenbruchteilen über Bedeutung von Funksprüchen in fremder Sprache Klarheit verschaffen. Während es plus 50 Grad oder nahe dem Gefrierpunkt im Cockpit war. Die Klimaanlage funktioniert in einem Kampfjet nicht immer so perfekt. Bei Unter- und bei Überschall. In 30 Metern über Baumwipfeln, und in 12 Kilometern Höhe. Mit einem, zwei oder drei Flugzeugen neben mir. In gutem und in schlechtem Wetter. Und sogar bei mehrfacher g-Beschleunigung durch Fliehkräfte, die selbst Formel 1-Piloten neidisch erblassen lassen. Dabei durfte ich die eigene Formation und Kraftstoffvorräte niemals außer Acht lassen. Immer wissen, wo ich als nächstes meine Flugzeugnase hinsteuern konnte und sollte, um am Leben zu bleiben.

Klingt das nach Ihrem Alltag? Nein? Sind Sie sich sicher? Stellen wir diese Frage, nachdem wir etwas genauer hingeschaut haben. Sie müssen immer schneller sein als die Konkurrenz. Dinge am besten schon gestern bewerkstelligt haben. Man erwartet, dass Sie mit zunehmend komplizierterer Technik weiterhin perfekt umgehen. War es gestern Powerpoint, Email und Fax, so ist es heute Twitter, Netzwerk-Meeting

und SkypeOut, Zoom, Microsoft Teams. Das Internet übernimmt mehr und mehr Ihren Alltag im Büro. Ihr Kalender wird von vielen eingesehen. Sie sind viel unterwegs. Müssen Stärken und Schwächen anderer am Markt im Auge behalten. Welche Firma hat welches Produkt neu auf den Markt gebracht? Es wird vorausgesetzt, dass Sie eigene Ziele und Werte in- und auswendig kennen. Und Ihre persönliche Rolle darin. Gleichzeitig müssen Sie auf SOPs, sprich Vorgaben der Firma und der Vorgesetzten achten. Sollen Regeln kennen und einhalten. Bei Meetings, Verfassen von Emails und der eigenen Urlaubsplanung. Kaum sitzen sie mal am Schreibtisch, klingelt bereits das Telefon. Eine E-Mail kommt nach der anderen rein. Die Assistentin oder der Assistent legt unbeantwortete Faxe vom gestrigen Tag auf Ihren Tisch. Zwei Termine am heutigen Tage wurden gerade neu terminiert, weil Ihr Meeting-Partner es nicht anders einrichten konnte. In dem Moment vibriert Ihr privates Handy. Ihre Frau/Ihr Mann ist am Apparat. Sie/er kann das Kind nicht von der Schule abholen und zum Sport bringen. Sie sollen das doch bitte auch noch erledigen. Neben Ihnen stapeln sich unbearbeitete Ordner, der Kalender verweist in roter Farbe auf einen wichtigen Eintrag heute um 15:30 Uhr. Dann spuckt der Drucker nicht das Dokument aus, welches Sie dringend für den Chef benötigen. Er wollte es in fünfzehn Minuten auf seinem Schreibtisch haben. Sie sind der Sachbearbeiter! Und plötzlich meldet sich auch noch ein wichtiger Mitarbeiter bei Ihnen, der eigentlich bei dem Termin mit dem Chef anwesend sein sollte, weil er von Ihnen als IT-Fachmann auf das Projekt angesetzt wurde. Leider steckt er im Stau. Wird nicht pünktlich erscheinen. In diesem Moment fühlen Sie sich überfordert? Ja?

Glauben Sie weiterhin, ich hatte einen schwierigeren Job als Sie? Ich vermute, wir beide haben oder hatten tagein tagaus mit ähnlich unlösbaren und lösbaren Aufgaben zu kämpfen. Ich aber habe die richtigen Werkzeuge. Die *tools*. Eine Einstellung, die mich befähigt, Aufgaben erfolgreich zu bewältigen. Und drei wichtige Grundsätze.

Grundsatz Nummer 1: Immer am Ball bleiben!

Hausaufgaben und auf Klassenarbeiten vorbereiten war mir schon als Schulkind zuwider. Zu der Zeit, als ich TORNADO flog, hasste ich es auch, dauernd lernen zu müssen. Auf der anderen Seite: Ich möchte immer sicher landen! Und dieses Ziel hätte ich als Pilot nicht erreichen können, wenn ich nicht immer wieder gelernt und mich freiwillig fortgebildet hätte, indem ich mich auf den halbjährlichen Simulator-Check vorbereitet und die neue SOP gelesen habe. Aus diesem Grund wurde Lernen und Neugier irgendwie ganz automatisch ein wichtiger Teil meines Lebens. Auch mit einem top ausgerüsteten Kampfjet kann man nämlich leicht verlieren. Er kann noch so vollgestopft sein mit geheimer Software, Hardware, Waffen. Man muss mit diesen Systemen und Ressourcen gut umzugehen wissen. Kampfpiloten können das. Sie haben es drauf, ihre komplexe Technik richtig einzusetzen. Sie sind nämlich bereit für ein lebenslanges Lernen. Wie sonst könnte man es erklären, dass Kampfpiloten nach der Basis-Pilotenausbildung in der Regel in nur wenigen Wochen auf neue Muster umgeschult werden. Wie geht so was? Neue Flugzeuge wie der Eurofighter sind doch hoch komplex? Das Grundprinzip und die Einstellung wurde in der Ausbildung gelegt. Die ***GROSSEN VIER***. Die Ausbildung zum Jetpiloten war der Grundstein. Danach folgt im Grunde nur noch: Üben – Üben – Üben. Für was, ist egal.

Rückblickend bin ich in der Tat recht fasziniert davon, dass ich so schnell lernen konnte, ein hochkomplexes System innerhalb kürzester Zeit effektiv zu beherrschen. Ich spreche nicht vom Steuern des Flugzeuges. Nein, ich rede davon, wie gut meine Kameraden und ich es verstanden, eine hohe Anzahl von Ressourcen brillant zu vereinen und zu leiten. Und das als junger Kerl! Nun, wir mussten es ja. Denn als Kampfpilot erreicht man seinen Leistungszenit in der Zeit zwischen dem 28. und 38. Lebensjahr. In diesen Jahren befindet man sich tatsächlich auf dem Höhepunkt eigener Fähigkeiten und Möglichkeiten. In diesem Zeitraum erhielt ich äußerst verantwortungsvolle

Aufgaben übertragen. Am Ende dieser Zeitspanne stellte ich fest, dass die Leistung zum Beispiel aufgrund nachlassender körperlicher Fitness allmählich abnehmen. Lassen wir mal den Bereich des Hochleistungssports außen vor, dann frage ich: Wo bitte schön trifft man auf eine Entwicklung dieser Art? Wo trifft man auf ein Umfeld, in dem erwartet wird, dass Menschen zwischen Mitte 20 und Mitte 30 im Vergleich zu anderen eine viel höhere Leistung bringen als ältere und erfahrene Kollegen? Wo junge Leute so viel Verantwortung tragen? An anderen Orten hört man mit 25 oder 30: *»Da musst du noch reinwachsen«*. Banken, Medizin, Unternehmensführung. Je komplexer ein System, desto reifer und erfahrener sollen doch die Akteure sein, die es steuern und leiten. Dass es auch anders geht sehen wir hier. Die Tatsache, dass Kampfpiloten auf der ganzen Welt diese Entwicklung durchlaufen zeigt, dass bei richtigem Vorgeben gute Leistung bei wachsender Herausforderung auch in jungen Jahren möglich ist. Es gibt kaum Kampfpiloten, die viel älter als 40 sind! Der Unterschied zu anderen Bereichen ist, dass es dieser Beruf aufgrund einer nicht vermeidbaren Verringerung der körperlichen Leistungsfähigkeit mit zunehmendem Alter quasi verlangt, zu einem frühen Zeitpunkt in die Pflicht genommen zu werden. Wenn man beim Militär darauf warten würden, dass ein Kampfpilot erst 20 oder 30 Jahre Erfahrung gesammelt hat, bevor man ihm oder ihr Verantwortung über Raketen, Atomwaffen, Millionen von Euro und Tausenden von Menschenleben anvertraut, dann könnte niemand Missionen fliegen und führen. Das System würde zusammenbrechen. Wir sprechen hier also allein von Akzeptanz, nicht von tatsächlichen Möglich- und Fähigkeiten.

Für mich begann fliegerisch alles in einer kleinen, gelben, einmotorigen Beech Bonanza im blauen Himmel über Arizona, westlich von Phoenix. Ein Hebel fürs Gas und höchstens zehn relevante Cockpit-Anzeigen. Alles Analog. Bei Rückenwind konnte ich mit dem Ding fast 250 km/h pro Stunde fliegen. Ich war extrem stolz, aufgeregt und begeistert, dieses Flugzeug fliegen zu dürfen! Als mein Fluglehrer feststellte, dass ich das einfache Gerät sicher beherrschte, schrieb er es auf. Teilte seine Meinung mit anderen Lehrern. Auch die gaben mir gute Noten. Nach nicht mal 18 Flugstunden schickte man mich mit dem gelben Flieger allein los. Ich sollte zwei Durchstarte-Übungen sowie eine Landung vorführen. Auch das klappte gut. Keine vier Monate später verfrachtete mich die Luftwaffe in einen anderen Trainingsflieger, die T-37. Ein Jet, aber immer noch langsamer als der Schall. Doch schon mit zwei Triebwerken, zwei Schubhebeln, Einziehfahrwerk und mindestens zwanzig wichtigen Cockpit-Instrumenten. Immer noch analog. Nach weiteren sechs Monaten traute man mir den Schritt vom Unterschall-Trainer auf einen schnittigen Überschall-Jet zu. Die T-38 wartete auf mich. Ein Tandem-Sitzer mit starkem Nachbrenner, der lange Zeit einige Weltrekorde inne hielt. Unfassbar, nach kaum 150 Gesamt-Flugstunden pilotierte ich solch eine Rakete. Ich benötigte keine zehn Stunden, um das erste Mal alleine mit der T-38 losfliegen zu dürfen. Solo im Überschall-Jet! Wahnsinn, wenn ich im Nachhinein darüber nachdenke.

So etwas geschieht in einer zivilen Pilotenausbildung nicht so rasant. Es dauert viele Jahre, bis man auf einem vergleichbar eindrucksvollen Flugzeug landet. Das liegt nicht am Geld, das man investieren muss. Nein. Das System ist so aufgebaut. Ausbildungseinrichtungen sehen den Weg so: Erst kommt ein Propellerflugzeug ohne Einziehfahrwerk, dann eines mit. Dann folgen vielleicht eine turbo-aufgeladene, einmotorige Maschine und ein zweimotoriges Propellerflugzeug. Irgendwann nach ein paar Jahren und mit im Vergleich mehr Flugstunden als beim Militär steht dann mit ein bisschen Glück ein kleiner Jet bereit, in den man als unerfahrener Co-Pilot Platz nehmen darf. Natürlich die ersten Monate nur unter Aufsicht eines erfahrenen Trainingskapitäns, später dann mit einem normalen Kapitän. Bevor man selbst Verantwortung als Berufs- oder Verkehrsflugzeugführer übernehmen darf dauert es Jahre. Das ist eine lange Zeit auf dem rechten Sitz eines Flugzeuges. Da steht man als Kampfpilot schon kurz vor der Regel-Pensionierung! Man hat aber mit Sicherheit nicht weniger Verantwortung zu tragen gehabt.

Als ich auf meinem Trainingsflugzeug angekommen war, bekam ich ein paar Monate, um intensiv darauf zu üben. Dann stand schon das nächst größere bereit. Eine Entwicklung vergleichbar mit einer Treppe. Nur, dass aus subjektiver Sicht Stufen unvorstellbar groß erschienen. Gerade als ich begann, mich in einem Flugzeug wohlzufühlen, zog man es mir auch schon wieder unterm Hintern weg und setzte mich in ein anderes. Bis ich irgendwann im TORNADO saß. Das eigentliche Steuern des Flugzeuges war auf dem Weg dorthin irgendwie zur Nebensache geworden. Es drehte sich dort alles nur noch darum, wie das System richtig einsetzt wird. Ich sah das Flugzeug nur noch als Plattform, die konzipiert worden war, Sensoren und Waffen optimal einzusetzen. Starten, Landen, Formationsflug liefen nebenbei. Das wurde auch nicht wirklich beurteilt. Basiswissen und Grundkönnen wurde als gegeben vorausgesetzt und kaum noch geschult. Für die Aufrechterhaltung dieser *Basic Skills* war man ganz allein selbst verantwortlich. Hier sind wir beim Thema *Verständnis für die Arbeit*. Nach meiner Pilotenausbildung schauten andere darauf, wie effektiv ich es verstand, meine Ressourcen aufgabenspezifisch einzusetzen. Hinter dieser Vorgehensweise steckt System. Diese »Beförderung« auf immer größere und komplexere Flugzeuge – automatisch verbunden mit komplexeren Aufgaben und mehr Verantwortung – fördert Menschen in unvergleichbarer Weise. Und ist beispielhaft für das einmalige Ausbildungskonzept, das ich beschrieben habe.

Als ich in meine Einsatzstaffel kam, war der TORNADO noch mit *AIM-9B* Luft-Luft-Raketen und ungelenkten Bomben ausgestattet. Jahrzehnte alte Technik. Allmählich erneuerte sie sich aber. Die Staffel erhielt weiter entwickelte Raketen *AIM-9L* und eine lasergesteuerte Präzisionsbewaffnung. Strategien und Konzepte mussten grundlegend umgedacht werden. Also mussten auch Piloten umdenken. Frühere Raketen besaßen maximal 20 Kilometer Reichweite. Plötzlich hieß das Schlagwort *Beyond Visual Range*. Wir mussten neu denken lernen. Es gab auf einmal Raketen, die nach dem Abschuss vom feindlichen Flugzeug autark ihr Ziel finden. Eine vollkommen neue und sehr ernsthafte Bedrohung. Sie konnten Ziele jenseits 50 Kilometern erkennen und bekämpfen. Die technische Entwicklung war enorm. Wenn ich nicht mitgehalten hätte, wäre ich heute nicht hier. Entweder hätte mir die Luftwaffe nahe gelegt, den Job hinzuschmeißen. So wie sie es bei anderen Piloten tun musste, die sich nicht schnell genug umstellen konnten. Oder ich wäre in einer Übung oder Einsatz ums Leben gekommen. Ich hätte mich auch nicht hinter einem vollgepackten Kalender oder meinen Aufgaben verstecken können. Durch unsere faire und offene Briefing-Kultur kam alles ans Licht. In meinem Job hat man auch nicht unendlich viel Zeit, es doch irgendwie zu schaffen. Es herrscht ein gewisser Zwang, sich anzupassen und anzustrengen. Sich Mühe zu geben. Entweder packt man es – oder man ist draußen! So einfach ist das.

Ganz ehrlich: Ähnlich entwickelt sich die Welt auch an anderen Orten. Ein Vorgesetzter kann es sich nicht erlauben, Mitarbeiter nicht fortzubilden. Sie nicht mit neuer Technologie zu schulen. Nur veraltete Technik zu verwenden. Das alles kann irgendwann das Ende der Firma bedeuten. Wenn Sie nicht gut mit Computern und Internet umgehen können, dann setzen Sie sich noch heute hin und fangen mit Üben an! Moderne Arbeitstechnik wie intelligente Warenhauslagerung, Barcode-Scanner, Infrarot-Auszeichnungssysteme, *tablet computer* und so weiter sind schon längst in unserer Arbeitswelt angekommen. Nicht nur müssen Sie damit umgehen können. Sie müssen auch wissen, wie Sie diese Technik zum Vorteil Ihrer Firma oder sich selbst einsetzen.

Übertragung für Piloten

Auch Privatpiloten kennen die Tücken der Entwicklung. Vor ein paar Monaten habe ich den Artikel *»Umstieg ins Glascockpit«* in einem Magazin veröffentlicht. Die Leserresonanz war überwältigend. Ich erhielt Nachfragen und Kommentare aus allen Bereichen der Fliegerei. Nachvollziehbar. Denn heutzutage finden sich bereits in jedem Charter-Kleinflugzeug moderne digitale Anzeigesysteme. *EFIS*, *Moving Map*, GSM Modem, EFB und Aufgabe des Flugplans über das ipad oder iphone. Normal! In vielen Vereinen und Flugschulen wird aber immer noch auf der guten alten analogen Cessna ausgebildet. Mit Eieruhren und Papierkarte. Verstehen Sie mich nicht falsch. Natürlich muss ein Pilot mit diesen traditionellen Dingen umgehen können. Es ist jedoch an der Zeit, dass man sich nicht nur in großen Flugzeugen an moderne Instrumente und Systeme gewöhnt und damit schult. Piloten müssen mit allem umgehen können. Mein Rat: Freuen Sie sich über Entwicklungen – über Technologiefortschritte. Nutzen Sie das! Seien Sie offen und neugierig. Richtig eingesetzt bringen Innovationen immer Vorteile.

Grundsatz Nummer 2: Kümmern Sie sich drum!

Wir hatten uns darüber unterhalten, dass im Grunde alle Menschen in gewissen Situationen überfordert sind. Das ist nichts Weltbewegendes. Doch: Sind wir auch alle gleich gut darauf vorbereitet? Um Antwort darauf geben zu können, schauen wir auf den Begriff *Veränderung*. Für Piloten verändert sich die Umgebung ständig, in der geflogen wird. In nur einer Minute lasse ich im TORNADO 15 bis 20 Kilometer hinter mir liegen. Das kann in wenigen Metern Höhe sein. Und auch in vielen Kilometern. Stellen sie sich so etwas Mal auf einem Motorrad oder in einem kleinen Flugzeug vor. *»Oh mein Gott«*, werden sie sagen. *»Kriegt man da überhaupt noch etwas mit?«* Ja, kriegt man. Sehr viel sogar. Der Trick ist nämlich die Gewöhnung! Als Jet-Pilot beginnt man nie direkt damit, so schnelle Flugzeuge zu fliegen. Man kommt dort erst nach einiger Zeit und Übung an. Die konstant ansteigende Anforderung begünstigt eine Gewöhnung. Bei Piloten ist das zum Beispiel die stetig ansteigende Fluggeschwindigkeit oder Aufgabendichte. Anderswo könnte es die Gewöhnung an schnellere beziehungsweise komplexere Arbeitsabläufe sein. Oder eine höhere und verantwortungsvollere Auftragsdichte.

Das Prinzip der Gewöhnung funktioniert immer und in allen Prozessen. Mit positiv empfundener Gewöhnung steigt nicht nur das Können, sondern auch die Zuversicht (das Selbstvertrauen!). Damit der innere Wille oder die Bereitschaft, mehr Herausforderungen anzunehmen und zu bestehen. Kein Flugschüler würde es sich in kleinen Schulungsmaschinen während der ersten Alleinflüge träumen lassen, bald schon in einem Überschalljet eine Formation durch schlechtes Wetter, vielleicht sogar noch mit scharfen Waffen, an ein großes Tankflugzeug zu führen, um im Anschluss über unbekanntem Gebiet sekundengenau ein von der NATO vorgegebenes Ziel zu erreichen. Oder bald schon mehrere Hundert Passagiere in einem Verkehrsflugzeug von Kontinent zu Kontinent zu befördern.

Um mit Gewöhnung positiv umzugehen, darf man Veränderungen nicht als Last erkennen. Oder als Problem betrachten. Ich persönlich rechne immer mit Veränderungen. Ich warte quasi darauf. Heiße sie willkommen. Und zwar deswegen, weil ich in meiner Ausbildung gelernt habe, Veränderungen zu meinem Vorteil zu nutzen. Denn während ich mich über der flachen Nordsee nur sehr schlecht gegen feindliche Radarabwehrraketen schützen konnte (sie hätten mich über dem Wasser sofort erkannt), konnte ich mich bereits wenige Sekunden danach (nach der Veränderung des Geländes) hervorragend hinter einem Hügel oder über einer Stadt verstecken. Wurde somit quasi unsichtbar für gegnerische Radaranlagen. Das war gut! Das hielt mich am Leben. Jet-Piloten üben gezielt, Veränderungen zum eigenen Vorteil zu nutzen. Veränderungen öffnen Türen für Verbesserungen. Für Möglichkeiten, Chancen. Hat man sich diese Einstellung angeeignet, besitzen Veränderungen keinen Schrecken mehr.

Übertragung für Piloten

Privatpiloten können von dieser Sicht ebenfalls gut profitieren. Stellen Sie sich vor, Sie fliegen mit ihrer einmotorigen Chartermaschine zum wiederholten Mal von A nach B. Die Male zuvor war das Wetter recht ok. Eine gewisse Bewölkung war zwar stets vorhanden, diese war aber mit gut 2000 bis 3000 Fuß über Grund kein Hindernis für Ihre Flüge nach VFR. Sie hatten immer mehr als acht Kilometer Sicht. Sie fliegen diese Strecke auch diesmal wieder. Kennen Ihre Ein-Mot gut. Haben knapp 100 Stunden darauf. Auch den Pilotenschein besitzen Sie schon einige Zeit. Der Tower-Lotse des Verkehrsflughafens, der auf Ihrem Flugweg liegt, war immer so nett, und ließ Sie seine Kontrollzone in der Mitte durchfliegen. Sie fliegen auch dieses Mal wieder in Richtung seiner Kontrollzone. Doch plötzlich sehen Sie schlechteres Wetter im Osten des Flughafens. Ein Gewitter! Bloß nicht ohne Vereisungsschutz und Instrumentenausbildung in Wolken einfliegen, sinnieren Sie. Im Westen der Kontrollzone liegt eine Millionenmetropole. Diese dürfen Sie nicht unterhalb von 2000 Fuß über Grund, also 2500 Fuß MSL überfliegen. Die Wolken liegen diesmal bei etwas weniger als 2000 Fuß. Als sie den Tower-Lotsen wie gewohnt nach der Freigabe zum Einflug in die Kontrollzone fragen, verneint er. Was jetzt? Anhalten können sie schlecht. Im Osten steht das Gewitter. Und im Westen sind die Wolken zu niedrig, um legal über die Stadt fliegen zu können. Wie fühlen sie sich in diesem Moment?

Ich kann ihnen sagen, wie ich mich fühlen würde. Schlecht. Denn ich bekomme gerade ja nicht das, was ich erwarte. Mein Plan geht nicht auf. Enttäuschungen werden grundsätzlich von jedem Menschen negativ empfunden. Das schlechte Gefühl würde bei mir aber nur kurz anhalten. Im nächsten Moment schon würde ich mich freuen, diesmal eine neue Lösung finden zu können. Zunächst würde ich versuchen, doch im Osten sicher um die Kontrollzone herum zu fliegen. Dafür benötigte ich keine Freigabe. Und Kraftstoff habe ich ausreichend dabei. Sollte das Gewitter dann doch den Weg versperren, würde ich umdrehen. 180 Grad Kurve und zurück zum Startflugplatz. Nachdem das Flugzeug sicher geparkt ist, würde ich das Telefon in die Hand nehmen und denjenigen anrufen, der am Flugplatz B auf mich wartet. Wir wollten ja einen netten Kaffee zusammen trinken. Ich könnte ihm berichten, was ich gerade erlebt hatte. *»Du wirst es nicht glauben. Aber da stand ein riesiges Gewitter. Da kam ich nicht vorbei. Und dieser Typ vom Tower. Der ließ mich einfach nicht in die Kontrollzone rein. Ich habe also beschlossen, zurück zu fliegen. Wie wär´s, wenn ich es in einer Stunde noch einmal versuche? Bist du noch so lange da?«*

So oder so ähnlich könnte die Situation verlaufen, wenn ich am Steuer saß. Kein Frust – keine Enttäuschung. Ich würde nach unplanmäßiger Landung die Zeit am Flugplatz nutzen, um mit anderen Piloten zu plaudern. Erfahrungen austauschen über den Umgang mit Wetter, Einflug in Kontrollzonen und so weiter. Auch würde ich versuchen, den Lotsen in der Kontrollzone telefonisch zu erreichen. Würde ihn oder sie fragen, was ich nächstes Mal anders machen müsste, um Freigabe zum Einflug zu bekommen. Aus der im Flug aufgetretenen unangenehmen Veränderung ergeben sich also ganz plötzlich eine Menge positiver *lessons learned*, die mir in Zukunft helfen können, ähnliche Abläufe sicherer und besser zu machen.

Wie passt nun meine Einstellung bezüglich ständigen Veränderungen zu Ihrer eigenen Realität? Dazu frage ich Sie Folgendes: Hat sich Ihr (berufliches oder privates) Umfeld in vergangener deutlich Zeit verändert? Machen Sie Dinge anders als noch vor einiger Zeit? Wird von Ihnen mehr erwartet? Ich garantiere, dass Sie vieles mit *»Ja«* beantworten können! Quasi überall muss man mit weniger Personal und Finanzmitteln weiterhin gleiche Ziele oder sogar mehr erreichen. Es wird allgemein vorausgesetzt, dass Entscheidungen im Zeitalter weltweiter Vernetzung und Verlinkung noch schneller und effektiver getroffen werden. In *real-time*, sozusagen. Fragt Ihr Chef Sie, länger im Büro zu bleiben? Höheren Einsatz zu zeigen? Auch hier höre ich ein klares *»Ja«*? Die Quintessenz ist deshalb: Wie stehen Sie selbst Veränderungen gegenüber? Verstecken Sie sich davor? Oder fürchten Sie sie vielleicht sogar? Ich empfehle Ihnen noch einmal: Nutzen Sie die Energie, die Veränderungen mit sich bringen, anstatt wertvolle Energie aufzuwenden, sie bekämpfen zu wollen. Wir können uns da einiges abschauen, zum Beispiel von traditionellen Produkten und Marken. Wie gehen sie mit Veränderungen des Marktes um? Mit einem sich kontinuierlich verändernden Umfeld? Was denken sie? Hat jemand in den Neunzigern die Marktstellung des Internets vorhergesehen? Oder kurz zuvor den massiven Einsatz von Mobiltelefonen? Kennt jemand die Entwicklung von Tablet-Computern? Ich denke kaum. Dennoch sind gerade traditionelle Produkte populärer denn je. Denn eben weil sie Beständigkeit und Bekanntheit repräsentieren. Um das zu erreichen, muss man die Energie von Veränderungen konsequent ausnutzen. Das setzt automatisch mentale Ressourcen frei. Nehmen Sie Veränderungen positiv auf. Nur so erkennen Sie den Nutzen des plötzlich auftretenden Hindernisses. Den Wert des Berges, den ich im TORNADO als geeignete Möglichkeit zum Verstecken vor einem gegnerischen Radar empfand. Als Kampfpilot ist mir jedes ein Hindernis willkommen. Ich suche deshalb nach Veränderungen. Tun auch Sie das!

Grundsatz Nummer 3: Die Gefahr bleibt nicht gleich!

Das letzte, was ich im Cockpit erleben möchte, ist, nicht ausreichend vorbereitet zu sein. Daher simuliert ein Kampfpilot an jedem Ort zu jeder Zeit den Ernstfall. *»Train as you fight«* – das hatten wir schon. Doch wie genau übe ich so etwas? Schaue ich nur auf mögliche Gegner? Das wäre sicher nicht klug. Denn ein Berg ist kein Gegner. Ich muss die Suche nach Gefahren erweitern. Mich in jeder Richtung nach Problemen umsehen. Gefahren sind potentielle Probleme, die den Ausgang eines Verlaufs negativ beeinflussen können. Feindliche Flugzeuge, gegnerische Abwehrraketen, heftiger Funkverkehr, Bäume, Berge und Hügel, schlechtes Wetter, sogar die eigene Formation. Das alles sind Gefahren, und somit potentielle Probleme. Kampfpiloten bezeichnen das als *threats*. Der Schlüssel zu meinem Erfolg ist nun, mir vor dem Eintreten potentieller *threats* ausgiebig Gedanken zu machen, was ich im Falle eines Falles von könnte. Hierfür muss ich die Gefahren zuerst mal exakt identifizieren. Danach erst folgt die Bewertung. Dieser Ablauf der Identifikation heißt *threat management*. Er ist wichtig und ähnelt einer allgemein bekannten Risikobewertung/-analyse. Gehen wir dennoch etwas intensiver auf den Vorgang darauf ein.

Ende der Achtziger Jahre, ein paar Monate bevor ich bei der Luftwaffe anfing, war der *threat* eines jeden westlichen Militärs: Die Truppen beziehungsweise die Politik des Warschauer Paktes. Plakativ gesprochen: Der Osten. Wir befanden uns im Kalten Krieg. Russland, Ostdeutschland, Polen. Auf die Gefahren dieser Länder waren nicht nur Kampfpiloten vorbereitet. Ziele jenseits der deutschen Grenze waren aufgeklärt und bekannt. Jeder Pilot kannte dort stationierte MIGs, SUs und Tupolevs. Ich selbst nahm dieses Klima wahr, als ich als Offiziersanwärter begann. Doch plötzlich veränderte sich der *threat*. Die Gefahr. Mauerfall und Öffnung der UdSSR ließ vieles in einem anderen Licht erscheinen. Es gab keinen Kalten Krieg mehr. Wer nun denkt, Gefahren verschwanden unausweichlich, der irrt. Denn dann wären ja auch potentielle Probleme verschwunden. Dem ist nicht so. Probleme gibt es heute vielleicht sogar mehr als damals. Sonst hätten wir heute ja auch gar kein Militär. Nein, der *threat* veränderte nur sein Erscheinungsbild. *Known threats* gingen, neue entstanden aber. In anderen Dimensionen. Und an anderen Orten. Mittlerer Osten, Afrika. Das Militär, und damit natürlich jeder Kampfpilot, musste sich dem veränderten *threat* anpassen. Auch heute ändern sich die Gefahren. Die potentiellen Probleme. Wir erkennen: *Threat management* ist etwas sehr dynamisches.

Blicken wir mal zur Online-Plattform *Amazon*. Wer hätte vor zehn Jahren vermutet, dass Hunderte Millionen Bücher schon bald über virtuelle Ladentische gehen würden? Genauso ist es aber passiert. Die unkomplizierte Verfügbarkeit des Internets hat dafür gesorgt, dass traditionelle Buchläden große Probleme erhielten. Sie haben Schwierigkeiten, am Leben zu bleiben. Viele kleine Buchläden mussten schließen. Denn fast alle Bücher sind heute nur einen kleinen Mausklick entfernt. Beeindruckend, was möglich ist. Wie beeinflusst diese Entwicklung das *threat management* kleiner Buchläden? Für sie war zuvor, also jahrzehntelang, der Buchladen um die Ecke der größte *threat*. Darauf musste sich jeder Besitzer fest konzentrieren. Auf Gefahren aus dem Netz hatte anfangs niemand geachtet. Zum Glück aber gibt es das *threat management*. Es liegt Unternehmern oft intuitiv im Blut. Auch Menschen, die keinen Kampfjet fliegen, arbeiten damit. Vielerorts einfach so aus dem Bauch raus. Das erkennt man daran, dass sowohl kleine als auch große Buchläden selbst inzwischen gute Online-Angebote entwickelt haben. Oder neue Ideen gefunden haben, die Amazon nicht bieten kann. Eine Leseecke. Individuelle Beratung und Service. Und so weiter. Heute stehen traditionelle Buchläden teilweise sogar wieder gut da. Sie haben in der Tat erfolgreiches *threat management* betrieben. Man muss eben nur die Augen offen halten und *threats* rechtzeitig erkennen.

Übertragung für Piloten

Ob wir diesen Prozess nun als Risikoanalyse oder threat management bezeichnen ist vollkommen egal. Wichtig ist lediglich, dass gerade Flieger potentielle Probleme rechtzeitig identifizieren und mit erfolgversprechenden Gegenmaßnahmen (counter threat) versehen. Das klingt theoretisch. Machen wir es praktisch. Wenn Kampfpiloten das *threat management* ausüben, können wir es auch als »*What, if…*«-Planung bezeichnen. »*Was wäre, wenn…?*«. Nichts anderes fragt man sich nämlich, wenn man nach möglichen Problemen Ausschau hält. Man denkt nach, was man tun könnte, wenn der Fall X oder Y eintrifft. Sucht im Vorfeld nach geeigneten Alternativen, Auswegen, Möglichkeiten, um aus Gefahren keine Probleme zu machen. Das Fahrwerk könnte vor der Landung nicht ausfahren. Ich halte eine Checkliste und ein Alternativsystem bereit (*alternate gear extension*). Ein Triebwerk könnte wenige Sekunden nach dem Abheben versagen. Ich suche mir also vorher einen hindernisfreien Flugweg aus, der mir auch mit einmotoriger verringerter Steigrate erlaubt, auf sichere Höhe zu steigen. Zum Prozess der Risikobewertung und -analyse gibt es viele hilfreiche Ratgeber. Wissenschaftliche Studien. Ich möchte aus diesem Grund nicht weiter darauf eingehen. Es geht mir nur darum, dass Sie erkennen, wie wichtig *threat management* beziehungsweise die praktische »*What, if…*«-Mentalität ist. Fragen Sie sich bitte immer vor der Ausführung, was könnte schief laufen und wie gehe ich damit um? Das sind simple Grundlagen des allgemeinen Erfolges.

Sich Organisieren

Wir haben gesehen, wie ähnlich unsere täglichen Herausforderungen sind. Manager. Teamleiter. Mediziner. Lehrer. Anwalt. Experte. Jeder hat unlösbare Konflikte. Auch als Privatpilot steht man routinemäßig vor solchen. Wir konnten feststellen, wie unverzichtbar Disziplin, Achtsamkeit und positive Einstellung gegenüber Veränderungen ist. Wir wissen auch inzwischen, dass ein Grundbaustein eines funktionierenden Teams die Kameradschaft ist. Und ein Team sich erst durch gemeinsam anerkannte (natürlich mess- und auswertbare) Ziele aus einer Gruppe heraus formen kann. Zuletzt hatten wir besprochen, dass man zu jeder Zeit ein *threat management* beziehungsweise eine praktische »*What, if…*«-Planung in Petto haben sollte. So fassen ich an dieser Stelle zusammen, dass wir jetzt alle Werkzeuge kennen, die man einsetzen kann, um erfolgreich an Aufgaben heranzugehen. Völlig egal, wo und zu welchem Zweck. Als nächstes wird es nunmehr Zeit, das fundierte Theoriewissen in die Tat und Handlung umzusetzen.

Wenn ich startete war ich nicht allein. Einer oder mehrere andere Kampfjets befanden sich in meiner Formation. Aber auch in größerer Entfernung standen Mitglieder meines Teams bereit. Abfangjäger, die zu meinem Schutz da waren. AWACS-Flugzeuge mit großer Radarantenne, um mich vor Gefahren zu warnen. Aufklärungsflugzeuge, die Fotos und Infrarot-Aufnahmen machten, um sie mir zur Verfügung zu stellen. Störflugzeuge, die mit geheimen Gerätschaften fremde Sensoren unterdrückten. Und so weiter und so fort. Auf bodengebundene Truppen und Schiffe gehe ich gar nicht erst ein. Kein Kampfpilot geht solo in die Luft. Auf diesem Weg gelangt man schnell zu der Überzeugung, dass ein Team effektiver ist als ein Einzelner. Aber noch etwas lernt man: Nämlich, dass jedes Teammitglied seinen Teil dazu beitragen muss, damit Erfolg eintreten kann. Als Mitglied eines Teams verwandeln wir diese Erkenntnis einfach in eine Frage, und schon überprüfen wir jedes Mal die Wertig- beziehungsweise Sinnhaftigkeit unseres persönlichen Beitrages: *»Wird das, was ich hier tue, wirklich zum Gesamterfolg beitragen?«* So erkennen wir den Sinn unseres Tuns. Mehr aber auch nicht. Denn welche Taktik oder Strategie wir anwenden müssen, um Erfolg zu haben, können wir daraus nicht erkenen. Dafür müssen wir auf das *threat management* zurückgreifen. Systematisch in die *»What, if...«*-Planung einsteigen.

Leider gibt es keinen Knopf, der, wenn wir ihn drücken, plötzlich und magisch Aufgaben erfolgreich von alleine löst. Der zum Beispiel alle feindlichen Flugzeuge zum Landen zwingt. Oder mehr Geld in die Kasse spült. Um Erfolg zu haben ist es von Nöten, Kräfte und Ressourcen optimal zu bündeln. Man muss sie vereinen. Wir sind ja mittlerweile bei der Ausführung. Wie geht das also in der Praxis? Sicherlich im Gegensatz zu Ihrer Vorstellung von militärischer Struktur, mit ihren starren Dienstgraden und Hierarchien, erlaubt und verlangt das Umfeld eines Kampfpiloten ein großes Maß an Flexibilität und Mitsprache. Piloten sind echte Experten, aber immer beheimatet auf der untersten Treppenstufe. Sie leiten aus Vorgaben und Visionen eigene präzise Ziele ab, damit der vorgegebene Auftrag erfolgreich beendet werden kann. Hierdurch entsteht eine gewisse Flexibilität und Freiheit in Planung und Ausführung. Denn die konkrete Zieldefinition auf unterster Eben mache ich stets selbst. Schauen Sie sich doch mal um. Haben auch Sie gewisse Freiheiten in Planung und Exekution? Ich vermute schon. Das hat nämlich so gut wie jeder. Man muss nur genau hinsehen.

Militärische Strukturen haben sich über viele Jahrhunderte bewährt. Sie bieten eine gute Organisationsstruktur, um Ziele effizient zu erreichen. Jede Ebene bekommt Aufträge zugeteilt, die sie am besten erledigen kann und soll. Im Optimalfall strikt abhängig von Leistungsfähigkeit und Expertise. Das reicht vom kommandierenden General bis hin zum Soldaten im Schützengraben. Oder eben einem Piloten im Kampfjet. Einen solchen »eigenen Auftrag« nennen wir *mission*. Daraus leite ich sämtliche wichtige Details ab. Aktionen. Taktiken. Strategien. Alternativen. Die darüber befindliche Gesamtgemengelage interessiert mich nur insofern, als dass ich daraus erfahre, wo-

So sehen Flugstunden-Jubiläen bei Piloten aus.

für ich meine *mission* überhaupt fliege. Auch das ist irgendwie wichtig, denn wie könnte ich sonst riskieren, mein Leben aufs Spiel zu setzen. Ich will ja schon wissen, wofür ich das alles tue. Damit hat es sich dann aber meist auch schon.

Bleiben wir bei unserem Beispiel: Wenn ich während meines einwöchigen Einsatzes im Rahmen der UN Resolution 08/15 gegnerische Flugabwehrsysteme ausschalten soll, damit unter anderem Transportflugzeuge später dringend notwendige Hilfsgüter ins Land fliegen können, dann ist das zwar mein Auftrag. Es ist aber nicht meine *mission*. Ein Auftrag ist für mich das übergeordnete Ziel. Ein Ziel, das mir nie hinreichende Vorgaben für meinen persönlichen Einsatz, meine *mission*, meinen Flug, vorgeben kann, weil die konkrete Mess- und Auswertbarkeit fehlt. Es gibt also noch Grauzonen. Einen Interpretationsspielraum. Um meine *mission* erfolgreich erfüllen zu können, muss ich individuelle Ziele definieren, die für meine Formation gelten (wenn ich gerade der *formation leader* bin). Ich lege in der Planungsphase exakt die Ziele fest, die nur für meinen Flug gelten. Nenne diese meine *mission aims*. Es können zwei sein. Es können aber auch 20 sein. Je nach Umfang, Länge und Erfahrung. Dieser Prozess ist andernorts als *Operationalisieren* bekannt. Definieren wir zur Übung gemeinsam funktionierende *mission aims* für meinen konkreten Flug:

Um 06:17:30 Uhr +/- 10 Sekunden, mit einem weiteren Formations-TORNADO auf meiner rechten Seite, werfe ich in 800 Fuß Höhe über Grund mit 540 +/- 5 Knoten (etwa 1000 km/h) eine lasergesteuerte Bombe vom Typ III in Flugrichtung 060 Grad über dem auf der 1:50.000 Karte definierten Punkt XY ab. Der andere TORNADO fliegt in 1.000 bis 2.000 Fuß. Er hat die Aufgabe, meine Waffe mit seinem Laserstrahl ins bekannte Ziel zu führen. Beide drehen wir nach dem Abwurf mit 60 Grad Schräglage nach links in Richtung 245 Grad ab. Wenn keine Feindbedrohung existiert, steigen wir dabei allmählich auf 5.000 Fuß. Nach 52 Sekunden schaltet mein Formationsflieger seinen Laser aus und berichtet mir über Funk, ob er auf seiner bordeigenen Kamera erkennen konnte, dass meine Waffe wie geplant im Ziel eintraf. In weiter Formation fliegen wir dann zum Tanker am vereinbarten Treffpunkt, um je 2.500kg Kraftstoff in einer Flughöhe von 21.000 Fuß auf der Frequenz 123.40 MHz zwischen 06:51:00 und 07:06:00 Uhr für den Rückflug zu empfangen. Wie klingt das?

Fragen wir uns zur Probe: Sind die genannten *mission aims* messbar? Sind sie auswertbar? Orte, Zeiten, Zahlen? Selbstverständlich ist all das messbar. Unterstützen diese Vorgaben aber auch die Gesamtkampagne – also die Vorgaben (Ziele) der höheren Ebenen? Helfen sie dabei, den Auftrag zu erledigen? Machen sie für alle Beteiligten Sinn? Und ganz wichtig: Kann meine Formation diese *mission aims* tatsächlich erfüllen?

Auf alle Fragen kann ich mit *»Ja«* antworten. Somit habe ich ziemlich schnell funktionierende *mission aims* definiert. Ich habe meinen Einsatz operationalisiert. Nur diesen! Nicht einen späteren. Oder einen Einsatz einer anderen Formation. *Mission aims* sind *mission*-spezifisch und nie allgemein gültig. Wieviel Freiheiten hatte ich beim Operationalisieren? Nun, ich hatte die Wahl, erst zum Tankflugzeug zu fliegen und dann zum Ziel. Oder erst das Ziel anzugreifen und dann zu Tanken. Kraftstoff benötige ich auf jeden Fall. Das Tankflugzeug befand sich jedoch die ganze Zeit in der Luft. So wäre es auch anders herum möglich. Ebenso hatte ich die Alternative, den Einsatz aus mehreren Kilometern Höhe durchzuführen. Oder wie jetzt festgelegt im Tiefflug anzugreifen. Ferner stand mir frei, eine abweichende Anflug- oder Abflugrichtungen zu wählen. Ich besaß in der Tat recht viel Planungsfreiheit. Entschloss mich aber aufgrund meiner Expertise und der meiner Teammitglieder, aufgrund des Wetters, der Bedrohungslage und anderen Faktoren für diese konkrete Ausführung. Korrekt ausgeführt, wird das Erreichen meiner *mission aims* zum Gesamterfolg beitragen.

Meine Welt ist demnach klein und simpel. Im Gegensatz zu der möglicherweise komplexen und viel schwieriger zu durchschauenden Gesamtsituation. Während ich meine *mission aims* erledige, tun das auch andere Flugzeuge. Der Tarnkappen-Bomber B-2 zum Beispiel. Zwar liegen dem B-2-Piloten gleiche Vorgaben der gemeinsamen Führung vor. Doch hatte er sich für andere *mission aims* bei seinem Einsatz entschieden. Oder die zwei Piloten der gestarteten Abfangjäger-Formation F-22 Raptor. Auch sie erfüllen individuelle *mission aims*, die am Ende des Tages zum Gesamterfolg beitragen werden. Jeder hat seine *mission aims*. Möglicherweise treffen wir uns am Tankflugzeug. Oder auf der Strecke. Das wäre aber keine Überraschung, denn während der individuellen Planung haben wir uns per E-Mail, Fax und geheimem Bildschreiber gegenseitig darüber informiert. Jedes *mission aim* muss konsequent auf die persönlichen Fähigkeiten des Einzelnen ausgerichtet sein. Das ist sehr wichtig. Die *mission* hat immer den vorliegenden Kompetenzen zu entsprechen. Nur so bleibt dem Ausführenden/der Ausführenden die Chance, die *mission aims* kreativ zu definieren. Im vorliegenden Fall muss der Auftrag meinen Fähigkeiten als Pilot und der Ausrüstung des TORNADO entsprechen. Eine vage und ungenaue Zielsetzung bringt keinen Erfolg. Weil, ganz simpel gesprochen, persönlich zu definierende *mission aims* schlichtweg nicht oder nur unzureichend erreicht werden können.

Stellen wir uns vor, mein Chef hätte mich lapidar mit den Worten losgeschickt: *»Ich möchte, dass Du da mal aufräumst, damit wir später unsere Transportflugzeuge reinschicken können!«* Na klar, das hätte sicher Spaß gemacht. Einfach mal starten und Sprit verbrennen. Aber erreicht hätte ich damit sicher wenig. Wie hätte man den Ausgang des Fluges denn bewerten wollen? Oder wenn ich vor dem Start nicht auf das Wetter im Zielgebiet geachtet hätte. Auch das wäre nicht gut gewesen. Eine tiefe Bewölkung hätte meinen Erfolg möglicherweise verhindert. Die Entscheidung liegt also immer zum großen Teil bei mir, wie ich etwas ausführe. Ich bin verpflichtet, persönliche Ziele anhand von Kompetenz-Kriterien zu definieren. *Mission aims* auf der untersten Treppenstufe in geeigneter Weise zu operationalisieren.

Übertragung für Piloten

Um den Nutzen für einen Privatpiloten zu finden, ist es hilfreich, die Notwendigkeit von *mission aims* und der *Operationalisierung* auf uns selbst zu projizieren. Unter Hobbyfliegern läuft kaum jemand rum, der etwas von Gesamtziel und *mission* erzählt. Aber: Wenn Sie kommendes Wochenende in Ihr Flugzeug steigen, dann machen Sie wahrscheinlich die gleichen Fehler, die Sie während früheren Flügen schon einmal gemacht haben. Sie werden es solange tun, bis Sie sich individuelle *mission aims* setzen. Ziele, die Sie tatsächlich erfüllen können – und wollen. Die für Sie persönlich Sinn machen. Ziele, die mess- und auswertbar sind. Sie allein sind für die *mission aims* zuständig. Nur solche können Sie anschließend auswerten und gewonnen Erkenntnisse gewinnbringend verwenden.

Wie wäre es also für Ihren kommenden Flug, direkt mal etwa beim Operationalisieren zu üben? Fliegen Sie doch mal *»drei ILS Anflüge bis zum Minimum mit einer Abweichung von maximal plus minus 5 Knoten bei maximal einem dot lateraler und einem dot vertikaler Abweichung«*. Das ist mess- und auswertbar. Und etwas, das für Sie als zukünftiger IFR-Pilot Sinn macht, wenn Sie an Ihr Gesamtziel denken. Sie möchten ja bald die Instrumentenflugberechtigung erlangen. Natürlich können sie auch andere Inhalte des Fluges operationalisieren wie zum Beispiel *»die Fahrt im Steig- und Sink-*

flug konstant zwischen 100 und 105 Knoten halten«, damit Sie sich an das für Sie neue Flugzeugmuster gewöhnen (das ist dann das Gesamtziel).

Ressourcen nutzen

Der folgende Abschnitt trifft weniger auf Privatpiloten zu. Ein bisschen findet er Anwendung in Flugsportvereinen und Haltergemeinschaften. Trotzdem möchte ich mir die Zeit nehmen, etwas genauer auf das Thema einzugehen. Man muss ja nicht alles nur mit den Pilotenaugen sehen. Auch Freizeitkapitäne haben ein anspruchsvolles Leben außerhalb des Cockpits. Arbeiten in Betrieben, Büros, Fabriken. In Kanzleien und Ämtern. Führen Menschen – sind Teil eines Teams. Bisher hatte ich beschrieben, wie man sich daran macht, Mitglieder eines Teams, einer Firma, eines Vereins in Reihe und Glied zu bringen, um dem Gesamtziel zum Erfolg zu verhelfen. Wir konnten damit gut verstehen, in welcher Form wir *mission aims* setzen sollten, also *operationalisieren* müssen, um das Große und Ganze zu erreichen. Was folgt danach? Bei der Ausführung sind wir fast nie allein. Schauen wir daher genauer auf unsere Ressourcen. Jedem von uns stehen einige zur Verfügung. In Form von Mitarbeitern, Teams, Finanzmitteln, Geräten. Doch nur wenn man die Ressourcen kennt und versteht kann man sie effektiv einsetzen. Was jedoch ist überhaupt eine Ressource? Bemühen wir dazu das Internet:

> *»Eine Ressource (franz. la ressource ‚Mittel', ‚Quelle', von lat. resurgere ‚hervorquellen') ist ein Mittel, um eine Handlung zu tätigen oder einen Vorgang ablaufen zu lassen.«*
>
> Quelle: www.wikipedia.org

Als Kampfpilot standen mir für meine Flüge stets die gleichen Ressourcen zur Verfügung. Tag für Tag. Nur eben immer in unterschiedlichem Umfang. Ich konnte dadurch schnell erlernen, wie man mit ihnen effektiv umgeht. Bei Ihnen ist es nicht anders. Ressourcen sind vielerorts identisch. Tragen möglicherweise nur andere Bezeichnungen. Eine Ressource ist eine Ressource. Es gibt davon nicht unendlich viele. Wir können sie in folgende Gruppen aufteilen:

- Einsatz
- Einsatzunterstützung
- Informationsgewinnung
- Logistik
- Kommunikation

Es gibt nur diese fünf Hauptgruppen. Meiner Erfahrung nach fällt jedes »Mittel« irgendwie in eine dieser Gruppen. Eine nähere Betrachtung lohnt sich deshalb. Zum einfacheren Verständnis bleibe ich zunächst bei der Fliegerei. Analysieren wir einen meiner Flüge.

Einsatz

Die ersten Flugzeuge, die in ein feindliches Gebiet fliegen, sind Abfangjäger. Sie sind der Türöffner für nachfolgende *missions*. Abfangjäger sorgen für Sicherheit im Luftraum, für die notwendige Luftüberlegenheit. Erst nach ihrem Einsatz können andere Flugzeuge (oder Drohnen) folgen. Darunter fallen dann beispielsweise Angriffs-Flugzeuge wie der TORNADO. Er kann Bodenverteidigungsstellungen ausschalten. Ziele fotografieren, Gebäude, Panzer und Fahrzeuge zerstören. Er kann aber keine Luftüberlegenheit herstellen. Also für die wichtige Sicherheit im Luftraum sorgen. Ein TORNADO hat dafür nicht die notwendigen Waffen. Jedes Flugzeug ist eine Ressource. Und sowohl Abfangjäger als auch (Jagd-)Bomber finden Parallelen in an anderen Orten außerhalb des Militärs. Abfangjäger sind die Mitarbeiter, die Erstkontakt zum Kunden haben. Die den Weg vorbereiten für nachfolgende Geschäfte. Für kommende Aufträge und Handlungen.

Bevor man keine Luftüberlegenheit hergestellt hat, kann man keine Bodentruppen in ein Konfliktgebiet schicken. Diese könnten sich im Falle eines gegnerischen Angriffs schlecht verteidigen. Abfangjäger und Jagdbomber müssen also erst ihren Job erledigen. Dann kann es weiter gehen. Auch das hat Parallelen. Die PR-Abteilung. Verkäufer und *Sales Agents*. Die Rezeption und der Empfang. Ihre Call-Center-Kollegen. Diese Damen und Herren sorgen konsequent für Kunden. Stellen Erstkontakt mit eigenen Dienstleistungen und Produkten her. Das sind die Abfangjäger. Zu einem anderen Zeitpunkt vielleicht aber auch die Jagdbomber. Wenn der Erstkontakt bereits existiert. Ihre TORNADOs. Doch nur mit Einsatz-Ressourcen kommt man nicht weit. Weder in meiner Welt noch in Ihrer. Um dauerhaft Erfolg verzeichnen zu können, muss man den Gegner/die Konkurrenz abnutzen. Ihn oder sie herausfordern. Wer ist bei Ihnen denn für Nachhaltigkeit zuständig? Wer vermutet an dieser Stelle die Produkte und Dienstleistungen? Ein guter Angebots-Mix ist sicher etwas, was für Nachhaltigkeit sorgt. Doch auch der gut ausgebildete Kundenservice, der immer wieder telefonisch, online oder *face-to-face* berät und überzeugend die Kunden betreut. Das sind wertvolle Ressourcen für Nachhaltigkeit. Angebot und Kundenbetreuung überzeugen Kunden und Klienten, bei der Stange zu bleiben. Das sorgt für ein Wiederkommen. Impulskäufe sind vielerorts schnell getätigt. Kunden längerfristig an sich zubinden ist dagegen die hohe Schule.

Ich kann mir Ihren Einwand schon vorstellen: *»Das ist ja kein Problem mit tollen Produkten. Wie macht man das aber, wenn man keine einmaligen Produkte hat?«* Glauben Sie mir. Auch das geht. Nehmen sie *Media Markt* und *Saturn* als Beispiel. Beide sind bekannte Elektronik-Riesen am Markt, die aber im Grunde absolut identische Technik in den Regalen stehen hat. Wussten sie jedoch, dass beide Märkte zusammen gehören? *Media-Saturn-Holding* heißt das Konzept, das den Kunden in das Geschäft nebenan gehen lässt, wenn er im ersten Laden nicht das passende Gerät gefunden hat. Solange der Kunde das Geld in die gleiche Kasse wirft ist doch alles bestens. Ähnlich aufgestellt ist *Penny* und *Rewe*. Auch sie gehören zusammen. Oder *Nuts, Lion* und *Kit Kat*. Alle drei gehören dem *Nestle*-Konzern. Wo sie auch hinschauen. Das Prinzip ist das gleiche. Entweder Sie verfügen über ein einmaliges Produkt. Oder Sie sorgen mit effizienter Markpositionierung für Nachhaltigkeit. Das geht im Großen aber auch im Kleinen.

Einsatzunterstützung

Sobald Abfangjäger und Jagdbomber gelandet sind und ihren Job erfolgreich erledigt haben, geht es darum, das Einsatzgebiet neu zu bewerten. Die erste Arbeit ist inzwischen getan. Nichtmilitärisch könnte man sagen: Jetzt macht man sich daran, den Markt im Auge zu behalten. Niemand mag Überraschungen. So kann es sein, dass die Einsatz-Ressourcen eventuell noch einmal starten müssen. Für einen weiteren Auftrag. Eine neue *mission*. Weil der erste Job noch nicht das gewünschte Ergebnis gebracht hat. Für mich wäre beispielweise eine plötzlich aktive Flugabwehr-Stellung etwas gewesen, was ich dringend vermeiden musste. Ich hätte dadurch möglicherweise meine *mission* abgebrochen und wäre lieber später noch einmal mit einem besser passenden Plan und mehr Kraftstoff wieder gekommen.

Auch der Kundenservice, das Waren- und Dienstleistungsangebot muss Überraschungen abwehren. Hier helfen Einsatzunterstützungskräfte den Einsatz-Ressourcen und sorgen, wie das Wort schon sagt, für wichtige Unterstützung. In meiner Welt ist das AWACS-Flugzeug ein typisches Einsatzunterstützungsmittel. Es greift nie selbst an. Fliegt nicht in gefährliche Gebiete ein. Liefert jedoch allen Flugzeugen sekundengenaue Informationen zu Ereignissen im Luftraum. Es überträgt Infrarot-Aufnahmen und Fotos nahezu in Echtzeit auf Anzeigen in vielen Cockpits. Ohne AWACS könnte kein Konflikt bewältigt werden.

Die Kundenbetreuung ist Ihr AWACS-Flugzeug! Nehmen Sie das Feedback von dort aber immer für bare Münze? Stellen Sie sich vor, ich hätte im TORNADO die Informationen des AWACS-Fliegers missachtet. Übermittelte Informationen nicht besonders ernst genommen. Glauben Sie, ich hätte eine Chance gehabt, zu überleben?

Ein AWACS-Flugzeug kann mit Antennen und Sensoren hunderte Kilometern weit blicken. An Bord befinden sich dutzende Experten. Jeder mit einem eigenen Auftrag (damit individuellen *mission aims*). Ich hingegen sitze ganz allein mit einem WSO im Flugzeug. Habe nicht das Situationsbewusstsein (die *SA*), über das ein AWACS-Flugzeug verfügt. Ich wäre mehr als dumm gewesen, nicht auf Hinweise und Infos zu hören.

Aber nochmal: Wie reagieren Ihre Einsatz-Ressourcen auf Infos und Hinweise der Einsatzunterstützung? Wie gehen Verkäufer und Marketing-Experten mit der Meinung der Kundenbetreuung beziehungsweise Kundenberatung um? Werden Bedürfnisse und Probleme wirklich berücksichtigt? Existiert ein lebhafter Austausch zwischen allen Bereichen? In beide Richtungen? Sicher kennen Sie talentierte und intelligente Kollegen, die ständig am Puls der Zeit sind. Unmittelbar dran am Kunden. Diese Menschen wissen, welche Wünsche und Vorstellungen der Markt hat. So wie ein AWACS-Flugzeug! Rückmeldungen zu Produkten, Beschwerden, Probleme, Beurteilungen, Missstände, Verbesserungsvorschläge und Lob müssen unverfälscht kommuniziert werden. Diese Infos müssen Einsatzgruppen erreichen. Internet und Vernetzung öffnen hier glücklicherweise vollkommen neue und simple Wege. Bereits ein bisschen mehr Information kann nämlich bedeuten, dass der Kunde wieder zu Ihnen kommt – und nicht zur Konkurrenz geht.

Informationsgewinnung

Eine wichtige Aufgabe des Militärs ist das Sammeln von Informationen. Nichts ist so wertvoll, wie Informationen. Welchen Stellenwert Wissen in unserer Gesellschaft besitzt, verstehen wir nicht erst seit dem NSA-Skandal. In einem Fliegenden Geschwader existieren mehrere Bereiche, sie sich der Wissensbeschaffung widmen. Speziell ausgebildete Soldaten kümmern sich um Fotos, Akten, Infrarot- und Radaraufnahmen, Geheimdienstinformationen. Man nennt diesen Vorgang *Bewertung der Lage*. Für jeden Flug wird eine gesonderte Bewertung durchgeführt.

- Wie sehen Flugplatz und Radarstellung im Moment aus, die wir als Ziele vorgegeben bekommen haben?
- Wie wird das darum liegende Gebiet verteidigt?
- Welche Reichweiten haben fremde Sensoren und Waffen?
- Sind gegnerische Vereidigungen mit geschultem Personal besetzt?

Dies sind nur ein paar der vielen konkreten Fragen zur gerade relevanten *mission*. Um ein komplettes Bild zu erhalten, wird die individuelle Bewertung stets durch eine allgemeine Lagebeurteilung ergänzt. Sie wird kontinuierlich, nicht nur für ein einzelnes Vorhaben, einen Flug, erstellt.

- Wie motiviert ist der Gegner?
- Welchen Ausbildungsstand haben Soldaten?
- Wie steht es mit den Finanzen?
- Auf welche Anschaffungen konzentriert man sich gerade?
- Welche Pläne liegen in der Schublade?
- Und so weiter...

Das Militär ist Spitzenreiter, wenn es darum geht, Informationen zu erlangen, zu sammeln und zu bewerten. Man kann sich dort in der Tat einiges abschauen. Während noch vor wenigen Jahren »Spezial-Werkzeuge« nötig waren, um an sensible Daten zu gelangen, so wendet man sich heute oft dem Internet, Mobiltelefon und Satelliten zu. Spionage-Flugzeuge wie eine U2 oder SR-71, Minikameras und konspirative Treffen sind kaum noch notwendig für eine erfolgreiche Informationsgewinnung, wenn man mit viel weniger Aufwand Webcams, PC-Mikros und öffentliche Überwachungskameras anzapfen kann. Man sieht daran, dass der Prozess der Informationsgewinnung niemals stillsteht. Ich möchte sogar behaupten, dass es nirgendwo anders ähnlich schnelle Entwicklungen gibt. Wenn ich nämlich über eine Technik verfüge, die es mir erlaubt, den Gegner/die Konkurrenz zu beobachten, abzuhören oder zu überwachen, dann wird es nicht lange dauern, bis dieser versucht, mir einen Schritt voraus zu sein. Also entsprechende Gegenmaßnahmen zu entwickeln. Und schon bin ich wieder am Zug mit der Entwicklung. Und so weiter. Der Nachteil daran ist: Fortschritte sind oft so klein und subtil, dass sie weitestgehend unerkannt bleiben. Bis irgendwann die riesige Bombe platzt. So wie beim NSA-Abhörskandal. Warum sonst haben die Enthüllungen von Snowden und Co. weltweit für so viel Aufsehen gesorgt? Es ist ja nun nicht so, dass Regierungen erst seit gestern über Fähigkeiten zur geheimen Informationsgewinnung verfügen. Bereits während meiner Offiziersausbildung Anfang der 1990-er Jahre legte man mir Fotos und Daten vor, die zu der Zeit kaum spektakulärer hätten seien konnten. Über Details darf ich nicht sprechen, aber glauben sie mir, auch damals hätten einige Enthüllungen für großes Aufsehen gesorgt.

Bleiben wir noch beim Thema *Beobachten* beziehungsweise *Beurteilen*. Haben Sie Kollegen, die sich hiermit befassen? Die den Markt und die Konkurrenz im Auge behalten? Oder tun Sie das als Vorgesetzter sogar selbst? Notieren Sie sich Entwicklung und Fortschritt, Trends und Meinungen, Umfragen und Gefühle, Bewegungen und Abneigungen? Ich rede nicht von unerlaubter Spionage. Oder kriminellen Handlungen. Ich meine nur, mit gezieltem Handeln dauerhaft am Puls der Zeit bleiben. Sobald Sie im Wettbewerb stehen, können Sie es sich nicht erlauben, hinten dran zu sein. Das gute ist: Mehr als gut motivierte und geschulte Kollegen benötigt es nicht. Für ein kleines oder mittleres Unternehmen brauchen Sie keine riesige Forschungs- und Wissenschaftsabteilung, die Millionen verschlingt. Sehr viele Teammitglieder kennen sich bestens aus. Oftmals reicht schon eine Ermutigung, den Markt und die Konkurrenz intensiver zu beobachten und einzuschätzen. Mal so eben nebenbei, kurz vor Feierabend, geht das alles natürlich nicht.

Nehmen wir an, sie wären der Regionalleiter/-leiterin eines großen Baumarktes. Um sie herum gibt es andere Baumärkte. Ihre Position am Markt ist in der Tat nicht schlecht. Sie könnte aber noch besser sein. Sprich, mehr Umsatz erzielen. Sie fragen sich also: Wie gewinne ich künftig mehr Kunden? Oder anders formuliert: Welche Aktivitäten ziehen Kunden zu meiner Konkurrenz? Schließlich gehen Menschen auch in andere Baumärkte.

Um verlässliche Antworten zu bekommen würde ich so vorgehen: Als erstes würde ich selbst in einige Baumärkte der Konkurrenz gehen. Nicht nur einmal. Über mehrere Wochen hinweg. Stets am gleichen Wochentag und zur gleichen Uhrzeit. Ich würde sehr gelassen wirken. So tun, als ob ich einkaufe. Würde mir unbemerkt Notizen über Angebot, Preise, Warenauslagen, Dekoration, Verhalten der Angestellten, Parkplatzsituation, Verfügbarkeit der Bedienungen, Frequentierung der Kunden-Info machen. Vielleicht im Smartphone. Immer wieder. Ich würde intensiv auf auftretende Veränderungen achten. Und auf die Dinge, die scheinbar gut bei den Kunden ankommen. Aber auch auf die Dinge, die keine oder weniger gute Wirkungen zu haben scheinen. Mit einem gut geschürten Paket von Informationen würde ich als nächstes einen freundlichen und motivierten Mitarbeiter/-in bitten, vor dem Eingang eines gut laufenden Konkurrenz-Marktes die heraus gehenden Kunden in ein kurzes Gespräch zu verwickeln. Niemand darf erfahren, dass Ihre Mitarbeiter von der Konkurrenz sind. Sie sollten unauffällige und vertrauenserweckende Bekleidung tragen. Eine knappe Erklärung, es würde sich um eine unabhängige Marktbefragung oder wissenschaftliche Studie handeln, genügt oft schon, um kurze aber wichtige Informationen von Menschen zu erhalten, die den Markt der Konkurrenz gerade verlassen.

- »Was haben Sie gekauft?«
- »Warum sind Sie hergekommen?«
- »Was hat Ihnen besonders gut oder schlecht gefallen?«
- »Wurden Sie gut bedient?«
- »Wie lange mussten Sie auf einen Mitarbeiter warten?«
- »Kommen Sie wieder?«
- »Kennen Sie noch andere Baummärkte in der Nähe?«

Auf jede dieser Fragen werden die Kollegen eine Antwort erhalten, wenn sie freundlich und unaufdringlich bleiben. Nach einigen Befragungen, mit exakter Dokumentation der Antworten, würde ich die gleichen Mitarbeiter vor meinen eigenen Baumarkt positionieren. Auch hier sollen sie am Ausgang hinaus gehende Kunden befragen. Mit identischen Fragen. Sämtliche Antworten sollen mir im Anschluss präsentiert werden. Alles, was dieses Vorhaben kostet, ist ein wenig Mühe des ohnehin bereits vorhandenen Personals. Informationen, die ich gewinnen würde, wären aber schier unbezahlbar. Durch dieses Vorgehen erlangen Sie Kenntnis und Wissen über die Konkurrenz. Sie können ihr damit bald voraus sein. Denn mit den Informationen bekommen Sie eine Möglichkeit, sich perfekt mit Produkten und Dienstleistungen am regionalen Markt aufzustellen. Sie kennen ab diesem Zeitpunkt aktuelle und konkrete Kundenwünsche, Erwartungen, Missstimmungen. Der Clou kommt aber noch: Ohne jedes weitere Zutun fühlen sich Ihre eigenen Mitarbeiter durch diesen Sonderauftrag angespornt und motiviert. Warum? Ganz einfach. Diejenigen, die sich mit einem »Spezialauftrag« befassen, sind oft in den Augen anderer etwas Besonderes. Stellen Sie sie im Anschluss für einen Moment in den innerbetrieblichen Mittelpunkt. Erwähnen Sie offen die herausragende Arbeit, zum Beispiel auf der Firmen-Homepage oder im Newsletter. Mit oder ohne Namen. Je nachdem, was Sie für richtig halten oder abgesprochen haben. Lassen Sie die Mitarbeiter bei der nächsten Mitarbeiterversammlung aus der Menge heraustreten. Sprechen sie eine Belobigung aus. Gewähren sie vielleicht sogar einen Tag Sonderurlaub. Oder eine kleine Bonuszahlung. Das wird Wirkung zeigen. Plötzlich werden auch andere versuchen, sich für diesen Job zu profilieren. Sie werden Nachfragen erhalten, ob noch mehr »Spezialaufträge« vorhanden sind. Denn auch andere Mitarbeiter wünschen sich Aufmerksamkeit, Sonderurlaub, Bonusvergütung. Achten Sie während dieses Prozesses unbedingt darauf, dass die Firmenziele und Visionen für jeden ersichtlich und transparent sind. Das kann auch auf der Homepage oder im Newsletter passieren. Möglich sind aber auch Besprechungen, Meetings und sonstige Events. Auf diese Weise erreichen Sie bei fast jedem eine außergewöhnlich hohe Motivation und Verständnis für die Arbeit.

So leicht können Sie Motivation und Engagement schaffen. Ohne Spezialisten und externe Berater. Seien sie bei Methoden der Informationsgewinnung einfach innovativ. Lassen sie sich etwas Neues einfallen. Im Gastgewerbe könnten Sie beispielsweise einige Mitarbeiter in fremde und ins eigene Hotel für ein oder zwei Nächte einbuchen. Oder in Restaurants der Konkurrenz schicken. In unterschiedlicher Gruppenstärke und Anlass (angeblicher Geburtstag, etc.). Zu allem wünschen Sie sich konkretes Feedback. Bereiten Sie den »Einsatz« akribisch vor und nach. Mit Zielen, *mission aims* und einer Strategie. Briefen Sie die Teilnehmer ordentlich. Auch im Dienstleistungsgewerbe, Lebensmittelhandel, Soft- und Hardwarevertrieb wird Ihnen als Experte sicher etwas Passendes einfallen. Die Hauptsache ist doch, dass Sie an wertvolle Informationen herankommen, die für eine Entwicklung vorteilhaft sind.

Verarbeiten Sie die Daten schnell. Bevor ich mit dem TORNADO landete, musste ich bereits ein Mission-Feedback, eine Analyse meiner Ergebnisse und der subjektiv wahrgenommen Auftragserfüllung, an das über mir kreisende AWACS-Flugzeug übermitteln. Streng kodiert und verschlüsselt, damit niemand die sensiblen Daten verwenden konnte. Gelandet, blieben mir maximal 30 Minuten nach dem Abstellen meiner Triebwerke, um einen ausführlichen Bericht abzusenden. Exakte Informationen zu Wetter, Luftraum, Bedrohung, Zielangriff, Störmaßnahmen, Fotos und so weiter mussten abgeliefert werden. Innerhalb kürzester Zeit wurde aus allen Meldungen ein neues Lagebild erstellt. Und künftigen *missions* zur Verfügung gestellt. Manche Dinge machten für mich in der Tat wenig Sinn. Andere Abteilungen setzten die Infos aber in sinnstiftender Weise zusammen. Und konnten damit dann doch etwas anfangen. Merken sie, wie unverzichtbar das Gewinnen von zeitnahen Informationen ist? Fangen sie also am besten noch heute damit an.

Logistik

Genau wie die Einsatzunterstützung übertritt auch die Logistikabteilung keine feindlichen Linien. Sie beliefern diese aber. Für eine Flugstunde im TORNADO mussten 50 bis 60 Arbeitsstunden aufgewendet werden. Anders ausgedrückt: 50 bis 60 Experten mussten jeweils eine volle Stunde arbeiten, damit ich eine einzige Stunde fliegen konnte. Wahnsinn! Unter diesen 50 bis 60 Experten befanden sich eine Menge Mitarbeiter der Logistikgruppe. Kraftstoff und Öl, Hydraulikflüssigkeit und Scheibenreiniger. Ersatzteile für Triebwerke und Flugzeugzelle. Reifen und Bremsklötze. Leuchtstäbe zum Einwinken. Schmierfett für die Hallen-Tore. Alles musste zum richtigen Zeitpunkt verfügbar sein, damit der Einsatzbetrieb laufen konnte. Oft erkennt man einige Logistikleistungen erst auf den zweiten oder dritten Blick: Überweisung der Löhne und Gehälter. Lieferung von Handtüchern und Seife. Reparatur von Kopierer. Bereitstellung eines Shuttle-Busses. Lieferung von Impfstoffen und Injektionsnadeln. Sehr viele Dinge fallen in diese Gruppe. Man sieht, wie wichtig Versorgung ist. Es gibt Firmen, die sich komplett darauf spezialisiert haben, nur Support- und Lieferungsleistungen zu erbringen. Nutzt man sie, muss man nicht auf eigene Logistik-Ressourcen zurückgreifen. Dennoch: Beachtung muss man dieser Gruppe immer schenken.

Kommunikation

An einer Stelle laufen die Fäden zusammen. Was wird wann getan? Wohin wird was geliefert? Wer benötigt welche Leistung? Wer ist wo? Die Kommunikation ist sprichwörtlich das »arterielle System« für alle anderen Gruppen. Weil Kommunikation so wichtig und komplex ist, müssen hierfür immer besonders geschulte Mitarbeiter eingeteilt werden. Kein TORNADO, kein EUROFIGHTER, kein Verkehrsflugzeug kann ohne Kommunikation fliegen. So ist es auch an anderer Stelle. Ein Außendienstmitarbeiter/-in kann ohne Kontakt zu anderen Bereichen den Job nicht erledigen. Ein Manager/-in wird ohne Informationen, die rechtzeitig verfügbar sind, keinen Vortrag halten können. Ein Chirurg kann ohne Assistenz und OP-Schwester nicht operieren. Gute Entscheidungen sind ohne gute Kommunikation schlichtweg nicht möglich.

Glücklicherweise ist durch Internet und Smartphone die Herstellung und Aufrechterhaltung von Kommunikation heute leichter geworden. Wer aber somit denkt, Kommunikation wäre deshalb heute auch unkomplizierter, der irrt gewaltig. Immer mehr Wissen wird gerade deswegen verteilt, weil es eben möglich ist. Und nicht weil es wirklich wichtig ist. Das Instrument der Filterung ist wichtiger denn je. Zudem: Wenn ich jemand direkt gegenüber stehe, so erkenne ich leichter, wenn die andere Person meine Information aufgenommen hat. Ich sehe am Gesprächspartner, ob die Kommunikation erfolgreich stattgefunden hat. Eine E-Mail muss noch lange nicht angekommen und verstanden sein, nur weil sie sich in meinem Postausgang oder im Posteingang des Anderen befindet. Der kritische Punkt ist also, essentielle Informationen zum richtigen Zeitpunkt an relevante Mitarbeiter zu übertragen. Auf welchem Wege, ist platt gesagt absolute Nebensache. Zumindest dann, wenn es sich nicht um sensible Daten handelt, wie beim Militär. Hier könnten auf falschem Weg Informationen an Gegner gelangen. Für alle Bereiche gilt: Solange das Kommunizierte rechtzeitig an dem Ort ankommt, an welchem es die gewünschte Verwendung finden soll, ist das Meiste erreicht.

Wann haben Sie das letzte Mal überprüft, wie gut Sie in Sachen Kommunikation aufgestellt sind? Wie sicher und effektiv sind Ihre verwendeten Nachrichtenkanäle? Testen Sie sie doch mal? Untersuchen Sie Ihren E-Mailverkehr und Postversand auf Laufzeit beziehungsweise Effizienz. Ich versichere Ihnen, Sie werden von den Ergebnissen überrascht sein.

Ein Intranet ist ein effektives Nachrichten- und Kommunikationssystem. Stellen wir uns vor, ein Mitglied der Einsatzgruppe (zum Beispiel ein/eine Verkäufer/-in) hatte vor wenigen Minuten Erstkontakt mit einem Kunden. Dieser kaufte eines unserer guten Produkte. Der/die Verkäufer/-in stellt nun innerhalb kürzester Zeit wichtige Informationen zu diesem Vorgang ins Intranet, die zügig von der Einsatzunterstützung (Kundendienst, Produktentwicklung, Service Center) gelesen werden. Bevor der Kunde überhaupt anrufen kann, um sich nach Zubehör zu erkundigen, sind unsere Ressourcen vorbereitet. Notwendige Kundeninformationen sind vorhanden. Zubehör und Zusatzleistungen können intuitiv angeboten werden. Der Kunde wird sich bei einem solchen Service sicher gut aufgehoben fühlen. Und gerne wiederkommen. Den Service weiterempfehlen. Ganz nebenbei erfährt die Logistikabteilung, dass Nachschub für das Produkt benötigt wird und kann rechtzeitig tätig werden. Wenn nun noch Verkäufer und Produktentwicklung auf Anmerkungen und Fragen des Kunden aufmerksam gemacht werden, weil solche Infos ebenfalls ins System eingepflegt wurden, ist das System nahezu perfekt.

Übertragung für Piloten

Als Privatpilot wird es Ihnen selten vergönnt sein, über mehrere Abteilungen zu verfügen. Möglicherweise sind Sie aber Mitglied einer Haltergemeinschaft oder eines Vereins. Dann wird die Betrachtung schon interessanter. Nicht jeder muss alles machen. Teilen Sie doch die Aufgaben untereinander auf. Jugendabteilung. Verbrauchsstoffversorgung. Internetpräsenz. Hallenwart. Lizensierungsfragen. Jeder erledigt eine oder mehrere Aufgaben. Teilt anderen dann regelmäßig den Status ist. Informiert über Probleme. Fragt Hilfe und Unterstützung an, wenn nötig. Auch wenn Sie mit Freunden oder Familie einen Ausflug mit der Chartermaschine planen, können Sie so vorgehen. Teilen sie Aufgaben und Verantwortungen auf. Arbeiten Sie mit wenig fehleranfälligen Kommunikationskanälen. Mund zu Mund ist immer gut. Während sich einer am fremden Platz ums Auftanken und Prüfen des Ölstandes kümmert, erledigt ein anderer die Flugplanaufgabe und holt das aktuelle Wetter. Denken Sie an klare Aufgabendefinitionen. Wenn Sie es richtig machen, fühlt sich jeder ernst genommen und trägt gern einen Teil zum Gesamterfolg bei. Und wenn die Arbeit abgeschlossen ist oder wenn es Probleme gibt: Immer sofort melden! Kommunizieren. So, dass alle es verstehen.

How to do it

Es gilt: Gewinnen oder verlieren durch persönlichen Einsatz. Was oft den Unterschied macht, ist das Engagement. Die Qualität der persönlichen Leistungsbereitschaft. Fragen Sie sich daher immer: Wie kann ich noch besser vorbereitet sein? Wie gehe ich effektiver mit der Dynamik der Sache um? Aufgaben, die an Sie gestellt werden, sind ähnlich derer, die ich als Kampfpilot bewältigen musste. Ich habe gelernt, Ereignisse in einem dreidimensionalen und sich schnell verändernden Umfeld zu erkennen und zu bewerten. Und darauf basierend zu entscheiden. Und zwar in Sekundenbruchteilen. Teils unter Einsatz meines Lebens. Mit dieser Fähigkeit wurde ich natürlich nicht geboren. Jeder kann so was erlernen. Die Geschäftswelt fordert Ähnliches, wenn auch meist ohne Lebensgefahr. Trotzdem sind Anpassung an Veränderungen, spontane Entscheidungen, Weitblick und Intuition Dinge, die sowohl in einem Kampfjet als auch anderswo gefordert werden, um (ggf. wirtschaftlich) zu überleben. Ich habe drei Grundsätze:

- Bei der ***technischen Entwicklung*** immer am Ball bleiben. Niemals gegen den Fortschritt ankämpfen. Andere tun das ja auch nicht – könnten daher Vorteile erlangen.

- ***Veränderungen*** sind gut. Sie sind sogar unvermeidbar. Heißen wir sie also willkommen. Nutzen wir die Energie zu unserem Vorteil, die Veränderungen mit sich mitbringen.

- ***Gefahren*** *(threats)* verändern sich ständig. Wenn sich Gedanken nur um den aktuellen *threat* drehen, bemerkt man nicht die neuen

Gefahren. Es heißt also: Flexibel bleiben und Augen offen halten. Es geht nichts über ein gutes threat management.

Als TORNADO-Pilot war ich einer von vielen, der einen Job erledigte. Ohne die Hilfe anderer konnte ich nichts erreichen. Bei jeder *mission*, bei jedem Auftrag, müssen unterschiedliche Fachgebiete zusammen arbeiten. Diese sind nichts anderes als ***Ressourcen***. Das ist in meiner Welt so – das ist bei Ihnen so. Es gibt nur diese fünf Gruppen von ***Ressourcen***:

- **Einsatz**
  Das sind die Ersten im Feld. Bei mir: Abfangjäger, (Jagd-)Bomber. Bei Ihnen: Verkäufer. Kundenberatung. Call-Center. Auf deren Einsatz und Motivation kommt es zu Anfang an.

- **Einsatzunterstützung**
  Nachdem der erste Einstieg geschafft ist, Boden gewonnen wurde, kommen diejenigen, die für Nachhaltigkeit sorgen. Marketing. Kundenservice. Produkt-Mix. Wenn hier kein guter Job gemacht wird, waren erste Bemühungen quasi vergeblich.

- **Informationsgewinnung**
  Information ist Macht. Ohne Kenntnis über Gegner, Einsatzgebiet, Umstände braucht ein Kampfjet nicht zu starten. Er wird nicht erfolgreich sein. So ist es auch außerhalb einer Fliegenden Staffel. Informationen über Markt, Kunden, Konkurrenz und Produkte sind wichtig. Verschaffen Sie sich einen Überblick. Speichern und nutzen Sie dieses Wissen.

- **Logistik**
  Versorgung umfasst viele Dinge und ist mehr als das, was man mit erstem Blick sieht. Der Trick ist, sich ernsthaft Gedanken darüber zu machen, wer und was dafür sorgt, dass der Betrieb am Laufen gehalten werden kann. Was brauchen wir, um Waren von A nach B zu bringen? Um Zahnarztpatienten ein neues Keramik-Inlay zu verpassen? Um Kunden das beste Menü auf den Tisch zu stellen? Man muss sich intensiv umschauen. Beobachten.

- **Kommunikation**
  Es ist das Bindeglied. Wissen, was nicht geteilt wird, ist verschwendetes Wissen. Kenntnisse von Feind und Einsatzgebiet. Markt, Dienstleistungen, Kunden, Produkte. Kommunikation ist das Rückgrat aller Bemühungen. Aber nur, wenn sie funktioniert.

Kapitel 4

Information ist alles

Wegen der Wichtigkeit von Informationen widme ich diesem Thema ein eigenes Kapitel. Kein Pilot, kein Manager, kein Verkäufer, kein Arzt, kein Anwalt, kein Busfahrer, kein Lehrer darf den Wert von Wissen unterschätzen. Diese Wichtigkeit ist mitunter auch der Grund, warum Menschen sich an vielen Orten mehr als subjektiv nötig überwacht fühlen. So war es – so ist es – und so wird es immer bleiben. Wenngleich man sagen muss, dass die Art und Weise der Informationsgewinnung sich natürlich kontinuierlich verändert. Vor 100 Jahren gab es keine Überwachungskameras. Vor 50 Jahren keine Spyware. Trotzdem war für Staaten und Institutionen Informationsgewinnung essentiell. Spitzel, Agenten, Mitarbeiter und Nachbarn sammelten alle möglichen Informationen. Gaben sie weiter. Freiwillig, um sich eine verbesserte Position zu verschaffen. Oder unfreiwillig, weil sie es mussten, um Repressalien zu entgehen. Informationsgewinnung verläuft immer subtil. Das liegt daran, dass man nicht möchte, dass andere erkennen, dass Informationen gesammelt werden. Die Fragen sind also nicht, wann hört das auf? Sondern eher: Wie gehen wir damit um beziehungsweise was machen wir mit all den Informationen? Für was und wen sind sie wirklich wertvoll?

Wenn ich mit dem TORNADO startete verspürte ich ein tolles Gefühl. Weil ich etwas tun durfte, was andere Menschen nicht können. Nämlich ein Kampfflugzeug fliegen. Es verleiht per se ein besonderes Gefühl. Darum geht es hier aber nicht. Ich spürte auch deswegen ein gutes Gefühl, weil mein Wissen und meine Fähigkeiten so stark entwickelt waren, dass ich mich an diesem Ort gut aufgehoben fühlte. Ich wurde wie schon berichtet schnell eins mit meinem Flugzeug. Wir beide waren ein Team. Kampfpiloten sagen *»dass sie sich den Jet umschnallen«*. Dieser Ausdruck umschreibt eine ganz spezielle Verbindung. Spitzensportler beschreiben diese Verbindung, diesen Zustand, dieses Gefühl mit dem Wort *»Flow«*. Es kann entstehen, wenn man etwas wirklich gut beherrscht und es obendrein sehr mag. Bei einer Sache so richtig in Fahrt kommt. Vollkommen darin aufgeht. So fühlte ich mich im TORNADO-Cockpit. In einem *»Flow«*. Diese Empfindung kann aber nur dann entstehen, wenn man das, was man tut, bestens beherrscht und Beeinflussungen um einen herum ausblenden kann. Anfänger oder Menschen ohne Hingabe erleben *»Flow«* nicht. Sie wundern sich vielmehr, wenn andere von solchen Glücksgefühlen berichten. Im *»Flow«* kann man viel erreichen. Höchstleistungen erbringen. *»Flow«* ist jedoch untrennbar mit Informationen verbunden. Ich kann mich nicht bei etwas wohlfühlen, in den *»Flow«* kommen, wenn ich nicht weiß, was um mich herum geschieht. Kampfpiloten haben für den Zustand des *»Flow«*, einem Augenblick, in dem aufgrund von richtigen Informationen und sehr gutem Können eine gewisse (definitiv angestrebte) Vollkommenheit erreicht wird, eine andere Bezeichnung parat. Ein Wort, dass wirklich jeder *Fighter Pilot* kennt: *Situational Awareness*. Oder auch kurz *SA*!

SA - Situational Awareness

Ganz gleich, ob ich einen Jet steuere, mit Skiern einen Abhang runtersause oder ein Produkt an einen Kunden verkaufe, eine Sache ist wichtig: *Situative Aufmerksamkeit*, auch *Situationsbewusstsein* oder *situatives Bewusstsein* genannt. Dies ist das Äquivalent zu *»Flow«*. Nichts ist besser, als *SA* zu haben! Wenn wir für eine Situation relevante Informationen richtig verarbeiten, kann *SA* entstehen. Und nur dann. Die beste Versorgung mit modernstem Gerät. Die schnellste und effizienteste Kommunikationsstruktur. Hunderte Mitarbeiter mit der höchsten Ausbildung. Alles bringt gar nichts, wenn aus den Ressourcen keine *SA* entsteht. Eine amerikanische Firma, die kurioserweise Avionik-Systeme auch für militärische Flugzeuge herstellt und vertreibt, wirbt auf der Firmen-Homepage mit dem Satz *»SA doesn´t come in an avionic box«*. Situationsbewusstsein kann man nicht kaufen. Ja, das ist in der Tat sehr zutreffend. Seltsam aber, dass eine Firma, die in Form von modernen Geräten nichts anderes als *SA* verkauft, mit so etwas wirbt oder? Schadet die Firma sich nicht mit einem solchen negativen Statement? Nein, ganz im Gegenteil. In Frage kommende Kunden wissen, dass dies genau so ist. Würden jeden Versuch mit Missachtung bestrafen, der suggerieren soll, dass man *SA* tatsächlich irgendwo käuflich erwerben kann. So hingegen wirkt die Firma authentisch und vertrauenswürdig. Ein toller Marketing-Wurf.

Weil ich fest an den Begriff *SA* gewöhnt bin werde im Folgenden nicht von *Situativer Aufmerksamkeit* oder *Situationsbewusstsein* sprechen. Ich verwende die leicht zu merkende Abkürzung aber auch deswegen, damit Sie dieses kurze und sehr wichtige Wort künftig auch nutzen. Es anwenden! Denn, was gibt es schöneres, als etwas sehr Kompliziertes mit einem kurzen Wort umschreiben zu können? *»Hast du SA?«* Diese Frage kann von jedem beantwortet werden. Sofort weiß man, ob weitere Ausführungen, Beschreibungen, Informationen notwendig sind oder nicht. Fantastisch! Piloten arbeiten oft mit Abkürzungen und Codes. Allein schon wegen der knappen Zeit, die bei hoher Prozess- und Fluggeschwindigkeit zur Verfügung steht. So gibt es ein NATO-Codewort für *SA*. Sobald ein Pilot *SA* verloren hat, funkt er dieses Codewort und andere Flugzeuge wissen Bescheid. Würden dann beispielsweise diesen Piloten nicht um Hilfe oder Unterstützung bitten. Keine weiteren Aufträge erteilen. Den Pilot ohne *SA* vielmehr durch zusätzliche Informationen schnell wieder zu *SA* führen. Das ist so essentiell, dass andere Ereignisse in diesem Augenblick warten müssen. Ein Kampfpilot ohne *SA* kann abgeschossen werden. Ein Arzt ohne *SA* verabreicht vielleicht falsche Medikamente oder gibt unvollständige Anweisungen an OP-Personal. Ein Banker investiert möglicherweise ohne SA in trügerische Fonds und geht Pleite. Nehmen wir die Wichtigkeit von *Situational Awareness* also niemals auf die leichte Schulter!

Ein solches Fluggerät kann man nur mit 100 Prozent SA im Griff haben!

Übertragung für Piloten

Der Ausdruck *SA* ist ein sagenhaftes *tool*, das Sie oft im Alltag verwenden sollten. An der Arbeit. Beim Ausüben des Hobbies. Einfach überall, wo es nötig wird. Gerade Privatpiloten erleben es häufig, dass sie mit etwas konfrontiert werden, was heraus- oder manchmal sogar überfordert. Das passiert besonders leicht, wenn es an regelmäßiger Übung beziehungsweise Erfahrung mangelt. Privatpiloten fliegen nicht täglich. Können daher nur langsam zu Routine und Gelassenheit im Flugzeug finden. Solange Dinge wie geplant ablaufen, ist *SA* vorhanden. Was aber, wenn die *SA* zusammenbricht?

Stellen Sie sich folgende Situation im Cockpit vor: Es ist Herbst. Ziemlich schlechtes Wetter mit nicht allzu guter Sicht. Sie sind rund 25 Meilen entfernt von einem unbekannten Platz, wollen in wenigen Minuten den Sinkflug von 3.500 auf 1.500 Fuß MSL unter VFR-Bedingungen beginnen. Ein IR-Rating nennen Sie nicht Ihr Eigen. Es holpert ein wenig. Dem Mitflieger auf dem hinteren Sitz ist seit einer Weile schlecht. Eigentlich wollten Sie nur mal kurz mit zwei Freunden auf einen Kaffee zu diesem Platz fliegen. Dort gibt es wirklich leckeren Kuchen. Auf der Frequenz des Flugplatzes antwortet niemand. Sie versuchen immer wieder zu erfragen, ob der Platz überhaupt geöffnet ist. Es regnet hier und da um sie herum. Sie können aber dennoch den herunter hängenden Wolkenfetzen irgendwie ausweichen. Vielleicht hat man den Grasplatz ja vorübergehend gesperrt, weil die Bahn zu feucht ist? Deshalb antwortet da keiner?

Sie wissen es nicht. Plötzlich blinkt eine Lampe vor Ihnen. Sie sagt: Der Motor ist heiß! Haben sie etwas übersehen? Einen Schalter/Hebel nicht umgelegt? Oder stimmt tatsächlich etwas nicht mit dem Triebwerk? Wie lange wird sich der Propeller dann noch drehen? Oder geht die Lampe gleich wieder aus, nachdem Sie die Leistung im Sinkflug etwas zurück genommen haben? Bald müssen Sie aber wieder Gas nachsetzen, dann ist der Sinkflug vorbei. Wenn Sie in diesem Augenblick den Überblick behalten, wissen, wohin Sie drehen können, was mit Ihrem Flugzeug los ist, wieviel Sprit Sie noch haben, wie Sie mit ihrem Mitflieger umgehen und was Sie tun können, wenn auf der Frequenz weiterhin niemand funkt, dann haben Sie in der Tat *SA*. In diesem Fall wird Ihnen und ihrem Flugzeug nichts passieren. Sie haben für alles eine Lösung. Eine Antwort.

Was jedoch, wenn Sie mit diesen Ereignissen an Ihre Leistungsgrenzen kommen? Nicht wissen, was als nächstes getan werden sollte? Dann fehlt Ihnen *SA*. In dem Fall kann es kritisch werden. Solange Sie im Anflug sind, keine Warnlampe leuchtet und den Mitflieger keine Übelkeit quält, können Sie sich in Sicherheit wägen, alles im Griff zu haben. In dem Augenblick, in welchem der Motor aber stehen bleibt, stellen Sie fest, es geht alles zu schnell. Wie sieht Ihr Plan jetzt aus? Wo gelingt vielleicht eine Notlandung? Sind auf dem Feld unter Ihnen Hochspannungsleitungen? Oder ist das Feld ein Acker, auf dem sich das Flugzeug beim Aufsetzen überschlagen wird? Welche Checkliste nehmen Sie für die Motorkontrollleuchte? Finden Sie überhaupt die passende Seite auf Anhieb? Und wohin steuern Sie ihr Flugzeug, wenn der Motor doch weiter läuft, weiterhin aber niemand auf der Frequenz antwortet? Sie können nicht einfach ohne Bescheid zu geben auf einem fremden Platz landen. Oder doch? Vor dem Start wäre der richtige Zeitpunkt gewesen, sich für diese Dinge (und für noch viel mehr!) einen funktionierenden Plan zu Recht zu legen. An die *»What, if's...!«* zu denken. *SA* entsteht also schon mal durch richtige Planung!

Wenn man nicht daran arbeitet, zu jeder Zeit *SA* haben zu wollen, dann wird *SA* schnell eine heimtückische Angelegenheit. Solange alles prima klappt kommt man ohne Übung selten auf die Idee, sich Gedanken über Eventualitäten zu machen. Erst das Bewusstsein, dass man ohne *SA* Ziele nicht so erreichen kann mit mir, erzeugt einen inneren Willen, sich zum richtigen Zeitpunkt auch zu unbequemen Dingen Fragen zu stellen. Und erst dies sorgt dafür, dass man im Falle eines Falles tatsächlich *SA* haben wird!

SA entsteht auf Sekundenbasis. Eben noch vorhanden, kann sie im nächsten Augenblick schon wieder verschwunden sein. Auch verliert man sie eigentlich niemals komplett. Das passiert viel eher Stück für Stück. Kein Mensch hat immer und überall zu 100 Prozent *SA*. Das geht einfach nicht. Dafür sind Dinge um uns herum zu komplex und schwierig. Die Welt ist (leider) nicht Schwarz und Weiß. Der Trick ist daher nicht nur, rechtzeitig für *SA* vorzusorgen, sondern auch zu wissen, wie man verlorene *SA* zügig wieder erlangen kann. Kampfpiloten arbeiten an dieser Stelle mit einem simplen Trick. Sich dies- oder jenseits der Schallgeschwindigkeit mit komplexen Ereignissen erstmalig auseinander zu setzen, überfordert jeden. Stattdessen lege ich mir Entscheidungsvorlagen und Konzepte für den *Fall, dass...* im Vorfeld gezielt zu Recht. Mache mir immer Notizen, die ich gezielt abrufen kann. So was schützt vor bösen Überraschungen. Dies ist ein Teil der *»What if«*-Planung. Und sie will von der Pike auf gelernt sein.

Wir sagten, *SA* entsteht durch Informationen. Sie bilden überhaupt erst die Basis. *SA* ist, genauso wie der *»Flow«*, ein Zustand eines individuell sehr hohen Bewusstseins. Es beschreibt die gegenwärtige Kenntnis über eine Situation. Im Jet bedeutete *SA* für mich, mir während eines körperlich anspruchsvollen Ausweichmanövers weiterhin über Ziel, Zeit, Wetter, den Boden unter mir, meine Formation, feindliche Bodenabwehrraketen und Flugzeuge sowie meine Möglichkeiten vollkommen im Klaren zu sein. Auf all diese Dinge erst im Augenblick des Erlebens zu achten wäre unmöglich gewesen. Manche Dinge muss man bereits antizipieren. Sie im Vorfeld erarbeiten. Bei *Groundspeed Zero*, ohne Geschwindigkeit, wie ich es gern ausdrücke. Man muss sich für die meisten Situationen bestimmte Vorgehensweisen so zu Recht legen, dass man über diese Informationen später zum richtigen Zeitpunkt verfügen kann. Durch sorgfältige Planung beziehungsweise Vorbereitung. Sicherlich muss man nicht mit Mach 1 unterwegs sein, um Dinge zu übersehen. Auch in kleinen Privatflugzeugen können Dinge geschehen, die unbemerkt bleiben. Solange sie keine Konsequenzen haben, ist es mitunter egal, ob man sich vorab darüber Gedanken gemacht hat. Nur weiß man leider vorher nicht, ob alles ohne Folgen bleibt. So ist es ratsam, sich grundsätzlich einen *Game Plan*, einen Fahrplan, bereit zu legen. Eben einen guten *»What, if...?«*-Plan zu haben.

Als Hobbypilot kennen Sie das selbstverständlich. Nach zehn Minuten fällt Ihnen plötzlich auf, dass Sie die Vergaser-Vorwärmung noch nicht wieder rein geschoben haben. Oder nach dem Aussteigen winkt jemand, dass die Lichter am Flieger noch brennen. Oder Sie vergessen das Bordbuch im Flugzeug. Ihre Kopfhörer. Es sind fast immer die kleinen Dinge, die nicht wahrgenommen werden. Die großen sind oft zu offensichtlich. Meine Beispiele sind nicht dramatisch. Was aber, wenn sie gefährlichere Dinge nicht wahrnehmen? Der Brandhahn zum Beispiel beim Start noch geschlossen ist? Oder das *Pitot-Cover* nicht rechtzeitig entfernt wurde?

Sowohl die kleinen als auch die großen Dinge sind wichtig. Ohne sie entsteht keine *SA*. Im Umgang mit Flugschülern und Airlines habe ich festgestellt, dass der Begriff *SA* außerhalb der militärischen Luftfahrt unbekannt ist. Schade, umschreibt dieser kleine Begriff nämlich eigentlich genau das, worauf es ankommt. Können Sie sich vorstellen, welche Macht Sie erlangen, wenn Sie *SA* haben? Im Büro. Im Kundengespräch. Am Steuer Ihrer Ein-Mot? Beim Programmieren von Software? Einfach überall! In der Ausbildung war dies der erste Begriff, den ich lernte. Es ist eine Tatsache: Nur wenn ich weiß, was eine bestimmte Information für mich bedeutet, welche Prägnanz sie hat, kann ich mich auch vollkommen darauf einstellen beziehungsweise darauf konzentrieren. Informationsgewinnung ohne Ziel, ein Anhäufen von unfassbar vielen Daten, ist sinnlos, wenn ich nicht verstehe, wie ich das gewonnene Wissen verwende. Gewinnbringendes Anwenden findet dann statt, wenn das Wissen, also die Informationen, tatsächlich zu *SA* führen. So simpel ist das! In diesem Fall bin ich nämlich meiner Aufgabe und anderen voraus. So kann ich antizipieren und Handlungen korrekt ausführen. Gute Entscheidungen treffen. Für Notfälle vorsorgen. Redundanzen einrichten.

Informationen zurecht legen

Wir können auch sagen: *SA* ist die situationsabhängige Existenz relevanter Informationen im Hier und Jetzt. Die Versorgung von Wissen, kombiniert mit der richtigen Kommunikation. Sowohl nach innen als auch nach außen. Das ist überall und immer so. Im OP und im Cockpit. Hinter dem Verkaufstresen und am Telefon. Im Meeting. Im Führerstand eines Zuges. Beim Bekämpfen von Bränden. Informationen sind nichts anderes als Erkenntnisse aus der Vergangenheit. Entsprechend verarbeitet tragen sie zu *SA* in der Gegenwart bei. Stellen Sie sich an dieser Stelle bitte noch einmal den schwierigen Anflug im regnerischen Wetter unter VFR auf den unbekannten Grasplatz vor. Sie erinnern sich an das Unwohlsein des Passagiers? An das Aufblinken der Motor-Warnleuchte? Mit *SA* kann Sie das kaum beeindrucken, denn Sie wissen, was Sie tun können. Was passieren könnte. Mit der einen Hand reichen Sie vielleicht dem Freund die Spucktüte, mit der anderen holen Sie die Checkliste heraus. Das Flugzeug ist perfekt ausgetrimmt. Während Sie die Checklist-Punkte lesen, dabei immer wieder kurz aus dem Fenster nach Wetter und Verkehr schauen, lässt Sie Ihr Gefühl das Flugzeug irgendwie intuitiv um 30 Grad nach links drehen. Dort liegt ein anderer Flugplatz in 20 Minuten Entfernung mit Asphaltbahn. Die Details stehen auf dem Flugdurchführungsplan, den Sie vorab ordentlich erstellt haben. Für dort war ausreichendes Wetter vorher gesagt worden, wie Sie kurz vor dem Start durch das Wetterbriefing erfahren konnten. Antwortet also in den nächsten paar Minuten weiterhin niemand auf der Frequenz des Grasplatzes, weichen Sie einfach dorthin aus. Ausreichend Kraftstoff haben Sie ja getankt. Sie können sogar noch 30 Minuten am Ausweichplatz kreisen. Falls auch dort gerade ein Regenschauer steht. Mit der Checkliste sind Sie gut vertraut, weil Sie sich regelmäßig Zeit nehmen, solche Unterlagen durchzublättern. Auch mit dem Flugzeug kennen Sie sich aus. Führen jedes Jahr einen Flug mit Fluglehrer durch, der Sie dabei begleitet, an die Grenzen Ihrer Fähigkeiten und die des Flugzeuges heranzugehen. Deshalb sind Sie sich sicher: Es könnte wirklich noch viel schlimmer kommen! Diese Überzeugung gibt Ihnen ein gutes Gefühl. Sie behalten die Ruhe. Sind in der Lage, mit logischen Maßnahmen an das Problem mit der Warnleuchte heran zu gehen. Zum Glück erlischt sie kurze Zeit später. Selbst wenn der Motor ausgefallen wäre, auch für Notlandungen fühlen Sie sich vorbereitet. Haben gerade erst letzte Woche ein paar davon freiwillig geübt. Ihnen bleibt Zeit, den Mitflieger zwischendurch zu beruhigen. Sie landen 20 Minuten später unspektakulär am Ausweichflugplatz. Der Puls war zu keiner Zeit übermäßig hoch. Sie hatten alles unter Kontrolle. Fühlten sich gut, bei allem, was sie taten. Warum? Darauf gibt es eine sehr einfache Antwort: Weil Sie *SA* hatten.

Tiefflug nahe der Schallgrenze – ohne permanente SA unmöglich!

Sie müssen nicht auf dem Pilotensitz Platz nehmen, um zu erkennen, welche Wunder *SA* bewirkt. Erinnern wir uns doch noch mal an den Vergleich zwischen Ihrem und meinem Arbeitsplatz. Versetzen Sie sich noch einmal in die beschriebene Situation. Sie werden sich auf einmal viel wohler fühlen, wenn ich Ihnen sage, dass Sie vor wenigen Wochen ein nettes Gespräch mit der Leiterin des Kindergartens hatten. Nur für den Fall, dass Sie oder Ihre Frau/Ihr Mann mal nicht pünktlich das Kind abholen können. Ihr Nachwuchs kann in diesem Fall ausnahmsweise mal ein wenig länger bleiben. Der im Stau stehende Mitarbeiter fehlt zwar auch weiterhin, Sie haben jedoch noch den Vertreter dieses Informatikers, der auf Ihre Bitte hin vorsorglich und ausführlich in den letzten Tagen in das Projekt eingewiesen wurde. Auch er kennt sich mit der Sache aus. Sitzt glücklicherweise direkt im Büro nebenan und wird Sie nun zum wichtigen Meeting mit dem Chef begleiten. Eine Kollegin druckt auch bereits das Dokument aus, weil Ihr Drucker ja nicht funktioniert. Durch eine rechtzeitige E-Mail vor ein paar Minuten halten Sie alles rechtzeitig in der Hand. Schlauerweise hatten Sie im Cc die IT-Abteilung über das Problem mit Ihrem Drucker informiert. Die kommen gleich. Das Gerät wird dadurch nach dem Chefgespräch sicher wieder arbeiten. Da Sie ein gutes Verhältnis zu dieser Abteilung haben, laufen seit ein paar Monaten ohnehin alle E-Mails durch einen automatischen Prioritätsfilter. Das wurde unkompliziert auf Ihrem Firmen-Laptop so eingerichtet. Nach dem Meeting können Sie also erst mal die wichtigen E-Mails lesen und abarbeiten. Damit bleibt Ihnen auch Zeit für vorgelegte Faxnachrichten. In einer kleinen Pause gönnen Sie sich einen Kaffee zusammen mit dem Kollegen, der um 15:30 Uhr für Sie den Termin wahrnehmen wird. Letzte Woche hatten Sie ihm mal freiwillig etwas Arbeit abgenommen. Er revanchiert sich dafür heute. Sie sind ja ein Team. Mit gemeinsamen Zielen und Werten. Auf diese Weise können Sie pünktlich am Kindergarten sein. Und sollte wider Erwarten der Verkehr doch etwas dichter sein, so haben Sie immer noch die 30 Minuten der Kindergartenleiterin als Puffer bei der Abholung ihres Kindes. Klingt alles zu schön, um wahr zu sein?

Bei guter Vorbereitung, richtigen Informationen und situationsangepasster Kommunikation kann es so laufen. Sie haben ja *SA* und können den Verlauf der Dinge aktiv beeinflussen und steuern. Sie wissen was läuft. Sind in der Lage, effizient Ihre Leistung zu erbringen, ohne dass es einen Cent mehr kostet. Sie laufen den Dingen auch nicht hinterher. Wenn Vorgesetzte Sie in dieser Art in Action sehen, werden sie sich mit Sicherheit für die nächste Beförderung oder Bonuszahlung Ihren Namen merken. Sie haben ja immer alles im Griff. Sind dafür bekannt, dass der Laden läuft. Ohne, dass es Sie in Stress oder Hektik versetzt. *SA* ist eine klasse Sache!

Wir müssen uns trotzdem konsequent daran erinnern: *SA* steht niemals still. Zu jeder Zeit muss man das gesamte Geschehen beobachten, Informationen aufmerksam sammeln und bewerten. Einen Plan für die wichtigsten Ereignisse sollte man aber schon vorher in der Tasche haben. Anfangs fällt gerade das schwer, weil es an Übung und Bewusstsein mangelt. Vielleicht auch ein wenig an Gelassenheit. Durch Übung wird das einfacher. Mein Tipp: Solange der Prozess mit der *SA* noch nicht ganz so automatisch und intuitiv abläuft, ist es ziemlich hilfreich, wenn man sich immer wieder selber fragt: Gibt es gerade etwas, was ich tun könnte, um noch besser vorbereitet zu sein? *»Auf was vorbereitet?«*, fragen Sie? Nun, ein bisschen *common sense*, also gesunder Menschenverstand, hat noch niemandem geschadet. In einem Frankfurter Büro Vorsorgemaßnahmen für ein großes Erdbeben zu treffen, würde den Bogen sicherlich überspannen. Aber zu wissen, was im Falle einer Evakuierung des Hochhauses getan werden muss, ist mehr als ratsam.

Die persönliche Einstellung zu SA

Während ich diese Zeilen schreibe fliege ich in Richtung Westen und bin gerade über Sri Lanka. Ich bin heute *Pilot Flying* auf einem zehnstündigen Rückflug von Jakarta nach Medina. Hinter mir sitzen 468 Passagiere und essen zu Abend. Meine 747 gleitet entspannt mit Hilfe des Autopiloten in einer Höhe von 34.000 Fuß dahin, während ich mir überlege, was ich über *SA* schreiben kann. *»Perfekt«*, denke ich mir da. Ich kann ja gerade nur deswegen an meinem Buch schreiben, weil ich *SA* habe. Sprich: Sehr gut vorbereitet bin. Mit einem Auge blicke ich zwischendurch auf meine Instrumente. Mit Flugzeug und den vier Triebwerken ist alles ok? Super! Ich schreibe weiter. Nur nebenbei höre ich mit einem Ohr *Colombo Radio* zu, der Funkstation auf der HF-Frequenz, die an jedem Wegpunkt eine Positionsmeldung erwartet. Für den Funk ist eigentlich mein Kollege als *Pilot Monitoring* zuständig. Er kümmert sich seine Aufgaben, dazu gehört Navigation und Radios. Piloten in einem Mehrpiloten-Cockpit haben verstanden, dass sie sich auf einander verlassen können. Und müssen! Jeder hat seinen festen Aufgabenbereich. Ich muss mir daher als *Pilot Flying* um die Dinge, die der *Pilot Monitoring* erledigt, keine Gedanken machen. Sollte etwas in seinem Verantwortungsbereich nicht stimmen, so kann ich zu Recht erwarten, dass er/sie mich darüber informieren wird. Aber was, wenn vor mir eine Warnlampe blinkt? Ein Instrument ausfällt? Schlechtes Wetter aufkommt? Oder ein Passagier krank wird? Sehr schnelle Antwort: Darauf bin ich vorbereitet. *»Lass es doch kommen«*, denke ich mir. Das Schlimmste, was passieren kann, ist, dass ich meinen Laptop weglegen muss. Notverfahren, Checklisten, Ausweichflugplätze, andere Flugzeuge, Frequenzprobleme, gesperrte Flugwege, ausgefallene Systeme, Gewitter, Turbulenzen, Vereisung, Kraftstoffprobleme, etc. Über all diese Dinge habe ich mir vor beziehungsweise nach dem Start bereits Gedanken gemacht. Ich habe einen Plan für den Fall, dass... (Wir erinnern uns: Die *»What, if...?«*-Planung). Sogar der Passagier im unteren Kabinenteil, der sich vor etwa zwei Stunden bei der Purserette über starke Kopfschmerzen beschwert hatte, ist bestens versorgt. Ich hatte mich darüber sofort mit der Kabinenchefin unterhalten und vorsorglich in der Business-Class unauffällig nach einem Arzt fragen lassen. Dort reisen häufig Mediziner. Obendrein hatte ich die Purserette gebeten, Sauerstoff und Erste-Hilfe-Kasten für den Fall der Fälle in der Nähe des Passagiers bereit zu stellen. Ich fühle mich also tatsächlich rundum wohl.

Meine Einstellung, mich auf Eventualitäten vorzubereiten, habe ich aus dem Kampfflugzeug mitgebracht. Ich denke voraus. Achte auf meine *threats*. Versuche zu erahnen, was für Probleme entstehen könnten. Und ziehe daraus meine Schlussfolgerungen. Während es im TORNADO Raketen des Gegners, ein Berg vor mir, die knapp werdende Zeit, meine Formation, der Tanker und so weiter sein konnten, sind es heute Turbulenzen, der Reisepass im Gepäck eines anderen Crewmitglieds beim Auschecken aus dem Hotel, ein ausreichend großer Bus für meine Crew, der pünktliche Wake-Up Call, genügend Frühstücks-Voucher, eine Notfall-Rufnummer für den Doktor an der Außenstation oder der Wartungsmechaniker, der nicht pünktlich am Flugzeug sein kann, um es zu betanken.

Vor wenigen Jahren wusste ich nicht, was mich als Airline-Pilot alles erwarten würde. Tat mich anfangs schwer mit dem Aufbau und der Erhaltung meiner *SA* in einem Passagierflugzeug. Da ich zu jedoch bereits zu diesem Zeitpunkt über eine solide Struktur verfügte, die mir generell dabei hilft, mich zügig anzupassen und an Dinge zu gewöhnen, legte sich meine Unsicherheit nach sehr kurzer Zeit. Inzwischen empfinde ich den Job eines Airline-Piloten als ziemlich leicht. Habe es wahrscheinlich gerade

Selbst Handanlegen gehört dazu, wenn man einen Kampfjet fliegt.

wegen meiner positiven und motivierten Einstellung innerhalb weniger Monate zum Kapitän auf einem Jumbo-Jet gebracht. Inzwischen sind bei mir Routine und Gelassenheit eingekehrt. Das macht vieles einfacher. Dennoch muss ich mich gelegentlich daran erinnern, nicht nachlässig zu werden. Das klappt, solange die Einstellung dazu stimmt!

Kennen Sie Menschen, die fast immer *SA* zu haben scheinen? Die Dinge schneller begreifen als andere? Die stets gut vorbereitet sind? Sehr gut. Seien Sie bloß nicht neidisch. Denn Sie können von ihnen lernen. Die Sache mit der *SA* abschauen. Nehmen Sie sich die Zeit und untersuchen Sie, wie diese Menschen das tun. Zu welchem Zeitpunkt achten sie auf was? Was geht in ihren Gedanken vor? Fragen Sie gezielt nach. *SA* ist in der Tat kein Zufallsprodukt. Es steckt echtes System und große Anstrengung dahinter. Regelmäßiges Training verstärkt nur den Erfolg. Wichtig ist der Wille! *SA* ist niemandem angeboren. Sie selbst können und werden es erlernen. Durch Training! Kampfpiloten üben gerade zu Anfang ihrer Karriere sehr oft im Sessel. Gehen dort im Sitzen den anstehenden Flug durch. Wir nennen so etwas *chair flying*. Eine weit verbreitete Übung unter Flugschülern, um sich auf die nächste *mission* vorzubereiten. Ich selbst habe es während meiner Ausbildung täglich getan. Mich vor ein Poster mit Instrumenten und Schaltern des Cockpits gesetzt. Vor mich hin simuliert. Die Dinge visualisiert. Vor dem inneren Auge spielt sich beim *chair flying* ein Film ab, der Reibungen, *threats*, Probleme und Unwägbarkeiten erscheinen lässt. Man merkt, an welcher Stelle es haken könnte oder gut läuft. Nichts anderes machen Spitzensportler (u.a. Skifahrer, Hochspringer), wenn sie am Startpunkt stehen und mit geschlossenen Augen vor sich hin und her wippen. Sie gehen in Gedanken intensiv durch ihre Aufgabe. Stück für Stück. Die Zeit vergeht dabei schnell oder langsam. Je nachdem, wie man es gerade braucht, um die Aufgabe inklusive der potentiellen Probleme zu entschlüsseln. Auf diese Weise sorgt man im Vorfeld einer Tätigkeit für *SA*.

Einflüsse

Ein paar wichtige und auf *SA* großen Einfluss nehmende Faktoren müssen noch erwähnt werden. Wir verstehen, wie wichtig Informationen und Kommunikation sind. Gelegentlich kann es aber vorkommen, dass Informationen nicht ankommen, weil die Kommunikation verlangsamt oder gänzlich zusammen bricht. Das ist schlecht. Aber nicht immer vermeidbar. Schauen wir auf mögliche Gründe. Es kann sein, dass Informationen allein schon deswegen nicht übermittelt werden, weil Informationen dem Sender als zu offensichtlich erscheinen. *»Das muss man doch wissen oder sehen!«* denkt er/sie. Kommuniziert nur aus diesem Grunde nicht das vorhandene Wissen. In gewisser Weise nachvollziehbar. Aber diese Annahme lässt leider außer Acht, dass der potentielle Empfänger dadurch möglicherweise sehr wichtige Information nie erhalten wird, weil er sie nicht sehen, erkennen oder fühlen kann. Sei es aufgrund fehlender Sensoren oder Instrumente. Oder, weil der Empfänger eine andere Wahrnehmungsschwelle (*threshold*) hat, die es nicht erlaubt, gleichsam sensibel zu sein wie die andere Person.

Ein Beispiel aus der Fliegerei: Turbulenzen sind unangenehm. Man versucht sie stets zu vermeiden. Bereits in Wetterbriefings werden Turbulenzen vorhergesagt. Diese Daten sind recht akkurat. Informationen sind also bereits vorhanden, wenn man losfliegt. Einmal im *Flight Level* angekommen, steckt man mitten drin. Erlebt es live und in Farbe. Aus der Vorhersage wird Wirklichkeit. Die Informationen aus der Vorhersage und der Realität tragen nun zu *SA* bei. In einer Flughöhe von 32.000 Fuß mag ich keine Turbulenzen feststellen, 4.000 Fuß höher können diese aber sehr wohl vorhanden sein. Eine Frage an über mir fliegende Flugzeuge wird mir Informationen (*SA*) verschaffen, die ich benötige, um zu entscheiden, ob ich 4.000 Fuß höher steigen kann (wegen des geringeren Kraftstoffverbrauchs zum Beispiel). In diesem Fall verfüge ich selbst nicht über notwendige Sensoren beziehungsweise die Wahrnehmung, die mich dazu befähigen würden, notwendige Information selbst zu erkennen. Ich muss nachfragen. Ein aktiver Prozess. Es geht aber auch anders. In einigen Regionen der Welt

(USA und Nordatlantik) übertragen Linienpiloten automatisch bei einem Frequenzwechsel Information zu Turbulenzen, weil sie wissen, dass der Luftraum voll ist und andere Piloten wissen wollen, ob sie steigen oder sinken können/müssen. Das Verständnis über die Notwendigkeit für eine Kommunikation der Information ist in diesem Luftraum grundsätzlich vorhanden. Wenn der gleiche Pilot am nächsten Tag über dem Südatlantik fliegt, wird er oder sie diese Information sicher nicht ohne Nachfrage über Funk durchgeben. Es geschieht deswegen nicht, weil angenommen wird, dass die Informationen nicht benötigt werden. Im Vergleich zum Luftraum einige Tausend Kilometer weiter nördlich fliegt über dem Südatlantik nur ein geringer Teil des Verkehrs. Für mich könnte es aber trotzdem sehr wertvoll sein zu wissen, ob ich 4.000 Fuß steigen kann. Ich fliege ja auch gerade über dem Südatlantik und möchte gerne Sprit sparen. Ich muss also nachfragen! Wenn ich mit der gleichen Annahme wie über dem Nordatlantik unterwegs wäre, dass also Informationen automatisch an mich heran getragen werden, sobald sie vorhanden sind, würde mich diese Einstellung nicht in die Lage versetzen, *SA* aufzubauen. Seien sie aus diesem Grunde immer auf der Hut. Verlassen Sie sich nicht darauf, dass Informationen an Sie heran getragen werden, nur weil andere darüber verfügen. Wenn Sie nichts wissen, heißt das noch lange nicht, dass es nichts Lohnenswertes zum Kommunizieren gibt.

Top Gun

Ich denke, Sie kennen diesen Hollywoodfilm mit Tom Cruise. Seitdem denkt quasi jeder, dass das Leben eines Kampfpilot sei nichts anderes als Action und Party. Nun ja, es gibt in der Tat viele angenehme Seiten bei diesem Beruf. Doch zeigt der Film leider nicht, welche enorme Arbeit hinter einem perfekten Flug steht. Iceman und Co. steigen jedes Mal begeistert nach der Landung aus und geben sich euphorisch ein *High Five*! Wieviel Stunden intensive Vorbereitung es verschlingt, wie viele Jahre Ausbildung und Training es bedarf, um lebendig zurück zu kehren, das wird nicht gezeigt. Man steigt nicht einfach mal so ein und fliegt los. Das wäre zu schön, entspricht aber nicht der Realität. Intensives Lernen, akribisches Sammeln von Informationen, dauerhafte Aufrechterhaltung von Fähig- und Fertigkeiten, ständiges Üben und Trainieren, Simulator-Tests und Checkflug.

Das Leben eines Kampfpiloten hat einen festen Grundsatz: **MAKE A PLAN!**

Mach einen Plan: Für den Flug. Für die Karriere. Für alles. Unvorstellbar, wenn ich keinen Plan gehab hättet, als ich mit dem TORNADO losgeflogen bin. Wen ich nicht gewusst hätte, was mich in der Luft erwartet. Wer mich angreifen konnte. Wo meine Ziele lagen. Wo ich langfliegen sollte. Um welche Uhrzeit ich wo sein musste. In welcher Höhe und an welchem Punkt mein Tanker war. In der Tat kaum vorstellbar! Im

Film erledigen Iceman und Goose die Aufgaben fast immer nach Plan. Insoweit ist der Film also doch authentisch, denn auch im richtigen Leben arbeitet (fliegt) ein/eine Pilot/-in den Plan ab, den man sich zu Recht gelegt hat. Immer dabei im Auge: Die *»What, ifs...?«* In der Luft sind Dinge aber in Bewegung. Situationen verändern sich. Gerade dadurch könnte man leicht versucht sein, ständig neue Pläne zu schmieden. Immer einer besten Lösung hinter her zu jagen. Das führt aber meist zu nichts. Außer zur Vollbeschäftigung. Kampfpiloten haben gelernt, dass ein Plan zu einem bestimmten Zeitpunkt zwar theoretisch optimierbar wäre, dies aber nicht unbedingt sinnvoll ist, um das Ziel zu erreichen. Auch der erste Plan wird erfolgreich sein. Wir sollten also den erwähnten Grundsatz ein klein wenig ergänzen:

MAKE A PLAN AND STICK TO IT! Mach einen Plan und halte Dich auch daran!

Gerade als Privat- und Hobbyflieger können sie häufig nicht auf einen hohen Erfahrungsstand zurückgreifen. Desto wichtiger ist das rechtzeitige Sammeln und Zurechtlegen von Informationen für den Flug. Aber auch anderswo ist gute Vorbereitung Grundvoraussetzung für Erfolg. Solide Vorbereitung ist zu jeder Zeit eine wichtige Aufgabe. Man muss dafür sorgen, dass notwendige Informationen später vorhanden sind. Die Vorbereitung muss stimmen. Das ist die wahre Grundsteinlegung für *SA*. Sie ist es, die den Verlauf von Dingen und Situationen beeinflusst. Informationen sind nur gewonnene Erkenntnisse aus der Vergangenheit.

Kapitel 5

Erfolgreiche Planung

Am Ende eines häufig gleichen Verlaufs steht Erfolg. Der Weg des Verlaufs beginnt bei der Einstellung. Nimmt den Weg über das Sammeln und Verwerten von *essential information* und endet bei der Erstellung des Plans. Wir haben besprochen, dass Ziele auf der untersten Stufe der Hierarchie-Treppe *mission aims* bezeichnet werden. Der Plan, der diese *mission aims* verwirklichen soll, wird *mission plan* genannt. Vielleicht kennt man ihn anderswo als Behandlungs- oder Operationsplan. Als Business- oder Projekt-Plan. Welche genaue Bezeichnung der individuelle Plan zur Erreichung von mess- und auswertbaren Zielen auch trägt, das ist ziemlich egal. Man sollte schlichtweg einen haben! Insbesondere für Privatpiloten ist so ein Plan wichtig. Nur, wie heißt der? Der *Flugplan* kann es nicht sein, die meisten Sichtflugflieger geben einen solchen ja erst gar nicht auf. Überlegen wir uns deshalb ein anderes Wort dafür. Ich mag einfache Konstruktionen. Dinge, die man mit Leichtigkeit merken und ausführen kann. Stur nach dem **KISS**-Prinzip: **keep it stupid simple!** Warum also nennen wir den Plan für Privatpiloten nicht einfach *Plan*? Einfache und treffende Lösungen sprechen zu jeder Zeit eine deutliche Sprache. Sie sind allein schon oft ein kleiner Schlüssel zum Erfolg.

Plan kommt von *planen*. Ohne den Vorgang des Planens entsteht kein Plan. Und der Vorgang des Planens benötigt Zeit. Wieviel Zeit? Schwer zu sagen. Das hängt von Ihnen, dem Projekt, der Erfahrung, dem gewünschten Ergebnis und so weiter ab. Als TORNADO-Pilot hatte ich nach Ausgabe der allgemeinen Zielvorgaben durch übergeordnete Kommandobehörden meist drei Stunden Zeit, den *mission plan* für meinen Flug und meine Formation zuerstellen. Das heißt, innerhalb dieser Zeit musste sehr viel passieren, denn spätestens nach drei Stunden musste ich das Fahrwerk einfahren und Richtung Ziel fliegen. Ein Plan ist ein Plan. Ganz gleich, für was er entwickelt wird. Am Ende steht grundsätzlich der Anspruch, ihn tatsächlich erfüllen zu wollen. Sonst bräuchte ich mir gar nicht erst die Mühe machen. Kampfpilot haben den Prozess des Planens standardisiert, damit man zu jeder Zeit weiß, was man selbst beziehungsweise andere Piloten tun. Aber auch, damit andere wissen, was man selbst tut. Transparenz und Verlässlichkeit sind unverzichtbar. Fehlerquellen müssen erkannt und eliminiert werden. Es geht auch um Vereinfachung. Um Konzentration auf das *mission*-typische. Wir erinnern uns an die Sache mit den *Standard Operating Procedures*? Sie vereinfachen die Planung und Ausführung. Greifen Sie also ruhig auf *SOPs* zurück, wenn Sie es können. Aber bitte bedenken: Auch ein Standard ist ein Standard. Er gilt grundsätzlich für alle. Keine Ausnahmen für »besonders wichtige Mitarbeiter« oder »den Chef«. Hält man sich dann stringent an den Plan, also an Vorgaben, Standards und Routinen, schleichen sich weniger Fehler ein. Ein weiterer Schlüssel zum Erfolg liegt daher im richtigen Planen. Lassen sie uns daher einzelne Schritte der effektiven Planung näher betrachten.

Schritt 1: Ziele definieren

Alles beginnt mit der Zielfestlegung. Mein Chef hat Ziele. Seine Vorgesetzten haben Ziele. Und auch ich habe bestimmte Ergebnisse im Auge, erstelle also für meine *mission* meine ganz persönlichen Ziele. Der Trick ist nun, sämtliche Ziele fein voneinander abzugrenzen. Die Bezeichnung für die eigenen Ergebnisse hatten wir bereits gefunden: *mission aims*. Jetzt benötigen wir noch eine Bezeichnung für die Ziele, die nicht im eigenen Verantwortungsbereich liegen. Ich nenne sie *objectives* oder *targets* (Grobziele). Bei ihnen kann ich wenig verändern. Sie sind mehr oder weniger vorgegeben. Für einen TORNADO-Flug konnte das bedeuten, dass als Grobziel vorgegeben war: Die gegnerische Radarstellung ABC am Tag X ausschalten. Das musste ich erfüllen. Mit den mir zur Verfügung stehenden Möglichkeiten. Sie sind Arzt? Das Grobziel für Ihre kommende OP könnte dann sein, den Blinddarm bei Patient XY zu entfernen. Das wurde Ihnen so vorgegeben. Sie sind Manager? Ihr *objective* könnte vielleicht heißen: Produkt *Simsalabim* bis zum 15. des nächsten Monats erfolgreich auf dem litauischen Markt einführen. Als Mitglied einer Haltergemeinschaft mag Ihr *target* sein, das Flugzeug am Ende eines schönen Flugtages sicher und unbeschädigt wieder in die Halle zu schieben. Obendrein zu 50 Prozent betankt für den folgenden Nutzer. Grobziele sind Vorgaben, sie vorgegeben sind und erfüllt werden müssen, aber nicht direkt beeinflusst werden können. Sie weisen keine konkrete Ausführungsanweisung auf.

Das Wort »vorgegeben« könnte gegebenenfalls ein wenig irreführend sein. Denn nicht immer sind objectives tatsächlich vorgegeben. Ein Pilot mit eigener Maschine. Ein niedergelassener Arzt. Oder ein Leiter eines Autohauses. Wer sagt diesen Personen, was die Grobziele sind? Wir sollten *objectives* daher nicht in der Art definieren, dass wir behaupten, sie seien immer vorgegeben. Besser ist es, wenn wir sagen, dass ein Grobziel grundsätzlich noch genauer definierbar ist. Auf diese Weise ist es nämlich vollkommen egal, von wem das Grobziel erstellt wurde. Als Privatpilot könnte das objective heißen: *Sicher von A nach B fliegen!* Daraus lassen sich definitiv genauere *mission aims* ableiten. Zum Beispiel: *»Ich starte mit zwei Passagieren von Flugplatz A um 12:00 Uhr. Für den Flug tanke ich 50 Liter. Ich fliege maximal zwei Meilen lateral abweichend von meiner geplanten Route in einer Höhe von 3500 Fuß MSL +/- 100 Fuß und lande nach 45 +/- 5 Minuten geplanter Flugzeit ohne Zwischenfälle mit einem Restkraftstoff von mindestens 20 Litern am Flugplatz B«*.

Kann man dieses Ziel noch feiner definieren? Im Grunde ja. Ich könnte den Start oder die Landung noch genauer beschreiben. Zum Beispiel definieren, dass ich beim Abheben mit so und so viel Newton am Steuerhorn ziehe, beim Losrollen innerhalb 2-3 Sekunden Vollgas gebe und so weiter. Doch das macht wenig Sinn. Denn die manuelle Ausführung des Fluges sollte ein Pilot wahrlich beherrschen. Das sollte keiner weiteren Erklärung bedürfen. Etwas zu fein zu definieren macht die *mission* sinnlos.

Achten Sie also stets auf die Zielgruppe, wenn Sie operationalisieren! So sind mit der obigen Definition des *mission aims* tatsächlich auf der untersten Stufe der Pyramide angelangt. Sie befindet sich exakt dort, wo man Grobziele nicht mehr mit gesundem Menschenverstand (*common sense*) noch genauer ausformulieren kann.

Wir merken uns: Ein *mission aim* ist eine unmissverständliche und messbare Beschreibung einer Ergebniserwartung, die wir selbst definieren und kommunizieren müssen. Und welche genauer weiter zu beschreiben absolut sinnlos wäre. Schauen wir als nächstes auf die Grundsätze bei der Definition von *mission aims*. Sie müssen immer beinhalten:

Klarheit: Beschreibung klar und eindeutig halten. Hier gibt es keinen Spielraum für Auslegungen/Interpretationen. Jedem Beteiligten muss klar sein, was beabsichtigt wird. Vorher darf mit keiner Ausführung begonnen werden.

Messbarkeit: Die Aufgabenbeschreibung muss Vorgaben enthalten, die messbar und bewertbar sind. Wörter wie *»gut«, »passend«, »schön«, »schnell«* werden von jedem unterschiedlich wahrgenommen. Das Ziel ist die Erfüllung zu 100%. Wenn nur 97% erreicht werden, muss man messen können, wo die 3% Fehler lagen. Um hieraus Lehren und verbesserte Handlungen abzuleiten.

Erreichbarkeit: Ziele müssen nicht leicht sein. Jeder Beteiligte muss jedoch das Gefühl bekommen, die Ziele auch wirklich erreichen zu können. Allein oder im Team. Andernfalls sind Frustration, Resignation, Demoralisierung vorprogrammiert.

Unterstützend: Nur wenn das Grobziel unterstützt wird, macht die Ausführung Sinn. Die Gesamtkampagne muss klar erkennbar sein. Solange man eine Verbindung zwischen Vorgängen herstellen kann, gibt es weniger Diskussionen.

Schritt 2: Gefahren identifizieren

Nachdem Sie nun ein oder mehrere *mission aims* für Ihre *mission*, Ihren Auftrag, Ihr Vorhaben beziehungsweise Projekt erarbeitet haben, gilt es als nächstes, sich um Gefahren (threats) zu kümmern, die den Ausgang gefährden können. Wir sagen: *»Know your enemy before you fight!«* Bevor ich mich auf einen Einsatz, einen Konflikt, eine Konfrontation einlassen konnte, musste ich über mein Gegenüber Bescheid genau Bescheid wissen. Sonst hätte ich mein Leben kaum aufs Spiel gesetzt.

Als Privatpilot bedeutet das, vor dem Start zu wissen, wie das Wetter wird. »Wetter« bedeutet in diesem Fall: Wo könnte es Vereisung geben? Wie tief hängen die Wolken? Wie ist die Sicht? Was machen die Winde in der Höhe und am Boden? Wie hoch ist die Niederschlagswahrscheinlichkeit? Und so weiter. Die *threats* befinden sich aber nicht nur am Startflugplatz, sondern auch unterwegs, am Ziel- und Ausweichflugplatz. Übertragen Sie das auf alles, was Ihnen einfällt und Sinn macht. Technik – Passagiere – Lizenz – ATC? Vor dem Start ist die Zeit, sich intensiv Gedanken zu den *threats* zu machen.

Auch als Manager, Lehrer, Arzt, Anwalt, usw. sollten Sie vorab erkennen, was Ihrem Erfolg im Wege stehen könnte. Sie wissen es selbst am besten. Sie sind der Fachmann. Ich kann nur vermuten, was schief gehen kann. Ich kenne Ihr Umfeld ja nicht. Mit etwas Übung werden Sie schnell in der Lage sein, vor Beginn der Ausführung die Gefährdungen zu erkennen, die tatsächlich existieren. Nehmen wir einen TORNADO-Einsatz: Wenngleich mein Startflugplatz in sicherem Gebiet lag, so konnten doch viele Dinge allein am Boden den Start meiner Zweier-Formation gefährden: Technische Probleme. Wind. Vereisung. Wolken. Krankheit. Anweisungen meiner Vorgesetzten. Achtung: Manche Probleme sind sehr oft ziemlich offensichtlich, andere zeigen sich erst bei genauem Hinsehen beziehungsweise Nachdenken. *Threats* richtig zu identifizieren ist kein einfacher Prozess. Er verlangt Zeit und Übung. Je nach Projekt können Überlegungen hierzu sogar den größten Anteil der Planung beanspruchen. Zu keiner Zeit darf man diesen Aspekt aber unter den Tisch fallen lassen. Denn nur hieraus entwickelt sich die unverzichtbare *»What, if…?«*-Planung, ohne die kein Projekt, kein Vorhaben, keine Idee erfolgreich verwirklichen werden kann.

Schritt 3: Unterstützung suchen

Wenn ich starte, weiß ich über *threats* Bescheid. Für die, die am Boden auftreten können aber auch für die, die mich in der Luft gefährden. Ich habe mir meine Möglichkeiten so notiert, dass ich später zum richtigen Moment darauf zurückgreifen kann. Vor dem Take-Off entwickele ich auch immer klare und verständliche *mission aims*, die jedem Mitglied meines Teams kommuniziert werden. Jeder versteht, warum wir etwas tun. Der TORNADO ist nur für bestimmte Aufgaben gebaut worden. Verfügt über bestimmte Systeme und Ausrüstungen, um spezielle Aufgaben zu erfüllen. Als Kampfpilot war auch ich nur für ganz bestimmte Dinge ausgebildet worden. So konnte es vorkommen, dass ich ein Grobziel, das mir vorgegeben wurde, nicht ohne fremde Hilfe erfüllen konnte. Vielleicht benötigte ich mehr Kraftstoff, um zum Einsatzgebiet und zurück zu fliegen. Oder ich war angewiesen auf die Updates eines ANWACS-Flugzeugs in der Luft, um Informationen zu meinem Zielgebiet zu erhalten. Waffenexperten, Bodentechniker, Ingenieure, IT-Spezialisten. Auch ohne deren Hilfe hätte ich nicht starten können. Mein Erfolgsgradient war somit zu jeder Zeit abhängig von der Qualität meiner Teamarbeit.

Daraus nehmen wir mit: Das Team, die Unterstützer einer *mission*, müssen im Vorfeld identifiziert und vorbereitet werden. Man muss ihnen erklären, was wann, wo, wie für die Auftragserfüllung benötigt wird. Es geht immer darum, Ressourcen (Hilfsmittel, Mitarbeiter, Materialen, Maschinen, etc.) rechtzeitig bereit zu legen, bevor man sie verwenden will.

Welche Arten es von Unterstützung gibt, hatten wir im Abschnitt *Ressourcen* untersucht. Leider sind nicht immer alle Teile des Puzzles sofort erkennbar. Nehmen wir an, sie sind ein Verkäufer. Firmenangestellte wie Wareneinkäufer, Produktentwickler, Marketingexperten, Lkw-Fahrer, Lageristen, aber auch Kassensysteme, Regale und Etikettier-Maschinen gehören zu Ihren Ressourcen, um das Ziel zu erreichen. Um zu verkaufen. Was ist mit der Etikettier-Maschine? Dem Busfahrer, der sie pünktlich zur Arbeit bringt? Bei genauerem Hinsehen fallen plötzlich zusätzliche Personen und Dinge auf, ohne die viele Ziele nicht oder nur eingeschränkt erreicht werden können. Als

Ein Großtanker unterstützt mich bei meinem Auftrag, indem er mir ausreichend Kraftstoff in der Luft überträgt.

Privatpilot werden sie auf die Frage nach möglicher Unterstützung in erster Linie an Flugzeug, Kraftstoff, GPS, Karte, Wetter, Flugplatz, Startbahn, Pilotentraining denken. Doch ohne Ihren pünktlichen Checkflug, dem gültigen Medical oder einem dringenden Toilettengang vor dem Flug werden sie nicht erfolgreich beziehungsweise legal fliegen. Es lohnt sich stets ein zweiter und etwas genauerer Blick.

Verfallen sie auch niemals in die **»Ich-brauch-doch-keine-Hilfe«**-Mentalität. Wenn ich eine solche Einstellung an den Tag legen würde, könnte ich nirgend wohinfliegen. Jeder benötigt Unterstützung! Es kommt nur darauf an, wann, wo und in welchem Maße. Lehnen sie Hilfe also nicht partout ab. Weder als Fragender noch als Gefragter. Überlegen Sie lieber einen Moment, wie Ihr Bedarf an Hilfe aussieht beziehungsweise wieviel Sie geben können oder wollen.

Schritt 4: Stärken betonen

Die Idee steht. Alle Teilnehmer sind angetreten, um zu gewinnen. *Mission aims* sind klar formuliert. Objectives sind ebenfalls bekannt. Wir können endlich »angreifen«. Nur wie? Simpel: Wir nutzen unsere Stärken! Zielen gleichzeitig auf Schwächen des Gegners. *»Moment, Moment«*, werden sie sagen. *»Ich bin doch nicht im Krieg!«* Recht haben Sie. Ganz so meine ich es auch nicht. Vielmehr möchte ich zum Ausdruck bringen, dass ich mich darauf konzentriere, Fähigkeiten und Können von mir und meinem Team zu nutzen, um an Aufgaben heran zu gehen. Steige ich beispielsweise nach Monaten des Fliegens größerer Maschinen (zum Beispiel 747) erstmals wieder in ein kleines Privatflugzeug, so habe auch ich meine kleinen Probleme. Unter anderem beim Landen in weitaus niedrigerer Sitzhöhe. Anstatt mich jetzt zu überfordern, blicke ich erst zu allererst auf meine Stärken. Ich frage mich also vor Antritt des Fluges: *»Was kann ich auch in kleinen Flugzeugen gut?«* Und finde Antworten wie diese: Ich kenne mich bestens im Luftraum aus. Habe generell eine hohe *SA* beim Fliegen. Auch kann ich gut navigieren und funken. Das tue ich ja auch in größeren Maschinen. Wenn ich jetzt nach längerer Zeit in ein Kleinflugzeug steige, konzentriere ich mich fest darauf, die Dinge, bei denen ich mich unsicher fühle, in kontrollierter Anzahl zu halten. Bedeutet, ich starte und lande nicht bei starkem Seitenwind. Nehme mir nicht vor, direkt bei schlechter Sicht an einen unbekannten Platz zu fliegen. Oder vielleicht auch direkt Passagiere mitzunehmen. Ich habe ja schon genug damit zu tun, das kleine Flugzeug nach einer Weile Abstinenz fehlerfrei zu starten und zu landen. Die mir ein wenig fremd wirkenden Instrumente zu bedienen und zu interpretieren. Ich konzentriere mich auf meine Stärken und schaffe dadurch Selbstvertrauen. Anders ausgedrückt: Ich versuche, so weit wie möglich *threats* aus dem Weg zu gehen.

Nur gemeinsam sind wir stark.

Als Privatpilot habe ich keine Konkurrenz im Flugzeug oder im Luftraum. Ähnlich ergeht es sicherlich Ärzten, Lehrern. An anderen Orten kann es aber durchaus vorkommen, dass neben der Fokussierung auf meine/unsere Stärken die zusätzliche Konzentration auf die Schwächen der anderen weitere Vorteile für mich bringt. Dies ist mit Sicherheit besonders zutreffend für alle, die im Verkauf oder Marketing tätig sind. Sobald Sie Ihre Stärken analysiert haben und diese für das kommende Vorhaben in den Mittelpunkt stellen, schauen Sie um sich herum. Was ist der wunde Punkt der anderen? Wo können Sie möglicherweise bessere Ergebnisse erzielen? Wenn Sie dafür ein wenig Ihre *mission aims* anpassen müssen, tun Sie das ruhig! Es geht immer darum, in einer vorteilhafteren Ausgangsposition sein zu können.

Schritt 5: Timing festlegen

Jetzt geht es darum, den besten Zeitpunkt für die Auftragsdurchführung festzulegen. Schauen Sie auf Ihren Plan. Auf Ihre *mission aims*. Und auf die *objectives/targets*.

- Ist jeder Teilnehmer leistungsbereit?
- Was habe ich im Moment zur Verfügung, um den Plan zu verwirklichen?
- Wie sind die Umstände im Augenblick?
- Wie reagieren andere jetzt auf meinen Plan?

Aus Fragen wie diesen leiten wir das Timing ab. Wenn ich einem PPL-Inhaber sage, er/sie soll mit dem Flug von A nach B warten, bis es wieder hell ist. Oder bis das Wetter wieder besser wird, wird er/sie mich nur fragend ansehen und sagen: *»Logisch mache ich das! Soll ich etwa nachts oder in IMC fliegen? Wie denn? Ich habe doch gar kein Night- oder IR-Rating!«* An dieser für ihn/sie geltenden Logik erkennen wir, dass es Sinn ergibt, manche Dinge nur dann zu tun, wenn die Zeit reif dafür ist. Bei diesem Beispiel ist es offensichtlich. Das Gesetz verbietet schlichtweg andere Optionen. Leider ist es aber nicht immer so offensichtlich und klar, ob der Zeitpunkt reif ist. Andernorts sind Timing-Entscheidungen möglicherweise viel schwieriger. Wäre es immer so klar, dann würden gute Produkte am Markt nicht scheitern. Firmen müssten nicht kurz nach Eröffnung wieder schließen. Oftmals liegt es ganz einfach am falschen Timing. Mit einem guten Plan in der Tasche behauptet man gern: *»Das machen wir sofort!«* Leider ist das nicht immer zutreffend. Blicken Sie genau auf die Umstände, die gerade vorherrschen. Gelegentlich ist es ratsam, erstmal mit einem guten Plan ein bisschen abzuwarten und nicht sofort zu beginnen.

Auf das perfekte Timing kommt es gerade bei der Luftbetankung an.

Schritt 6: Ausfälle einplanen

Wir kommen zurück zum zu jeder Zeit wichtigen *»What, if…?«*-Prinzip. Es ist leichter, sich Gegenmaßnahmen zu überlegen und Reserven bereit zu legen, wenn man Zeit hat. Einmal in der Luft, mit Schallgeschwindigkeit in wenigen Metern Höhe unterwegs, blieb mir definitiv keine Zeit, um über alle *threats* nachzudenken. Die meisten Problemstellungen musste ich durch strukturierte Planung unbedingt bereits im Vorfeld identifiziert haben. Sie vor dem Start mit Lösungen belegen. Für kritische Vorkommnisse wie Triebwerksbrand, Notausstieg oder Startabbruch existieren aus diesem Grunde in der Luftfahrt immer klare und einfache Reaktionsanweisungen. Man nennt sie *Memory Items* (zivil) oder *Bold Faces* (militärisch). Immer wieder sagt man sie sich selber auf – übt sie. Geht die Prozedur in Gedanken durch. Nur so sorgt diese Art von Handlungsanweisung im Ernstfall dafür, dass es klappt. Man vielleicht mit dem Leben davon kommt. Ein Beispiel für eine *Bold Face* wäre:

Notausstieg mit dem Schleudersitz

- Aufrecht Hinsetzen
- *»Eject, Eject«* ausrufen
- Flugzeugnase (wenn möglich) nach oben ziehen
- Schleudersitzhebel kräftig heraus ziehen

So sieht der (standardisierte) *»What, if…?«*-Plan für den Fall eines Rettungsausstieges im Kampfjet aus. Einfach – Kurz – Klar! Wenn bei so einer Situation mehr Zeit vorhanden wäre, bräuchte man kein *Bold Face* beziehungsweise *Memory Item*. Weitere Beispiele für den Einsatz eines *Memory Items*:

- Feuer im Triebwerk
- Verlust der Kontrolle über das Flugzeug
- Größere Abweichung der Geschwindigkeitsanzeigen
- Plötzlicher Druckverlust

Kritische Situationen erfordern Klarheit und Schnelligkeit. Außerhalb der Fliegerei denke ich sofort an folgende Situationen, bei denen die Verwendung einer Not-Prozedur hilfreich wäre:

- Plötzlicher Herz-/Atemstillstand während einer OP
- Kritischer Fehler in einem Software-Programm
- Verletzung eines Sportlers im Wettkampf
- Zusammenbruch eines Gebäudeteils während Rettung durch Feuerwehr
- Auftretender Sturm bei einem Open-Air-Festival

Doch auch in unkritischeren Augenblicken sollten wir eine *»What, if...?«*-Idee parat haben. Ich denke beispielsweise an den Ausfall eines Tankflugzeuges nach meinem Start. Zwar bliebe mir in diesem Fall die Option, den Flug ins Zielgebiet fortzusetzen. Also den Auftrag doch noch zu erfüllen. Im Anschluss könnte ich dann aber nicht, wie eigentlich geplant, zurück zur Ausgangsbasis fliegen. Ich hätte dafür nicht mehr genügend Kraftstoff. Stattdessen müsste ich zu einem näher gelegenen NATO-Flugplatz fliegen und dort landen, um zu tanken. Dafür reicht der Sprit. Das würde in der Tat mein Grobziel erfüllen, wenngleich ich den TORNADO nicht wieder am Heimatflugplatz für die nächste *mission* zur Verfügung stellen könnte. Ein Auftanken mit sofortigem Weiterflug zur Heimatbasis würde aber eventuell ermöglichen, dass die folgende *mission* doch noch pünktlich starten kann. Wenn ich nämlich vor dem Start meine Vorgesetzten über diesen *»What, if...?«*-Plan informiert hätte. Auf diese Weise hätten sie einen Zeitpuffer einbauen können. Eine solche Lösung erst in der Luft zu bedenken, wäre bei hoher Geschwindigkeit und Komplexität des Auftrages schlichtweg unmöglich. Zumal der andere NATO-Flugplatz auch rechtzeitig für den Fall der Fälle informiert werden muss. Was, wenn dort kein Kraftstoff zur Verfügung steht oder man mich beim nicht erwarteten Anflug mit Raketen angreift? Oder die Landebahn nicht nutzbar, das Wetter unpassend ist? Alles muss zwingend vorher geklärt werden. Um aufbauend eine Entscheidung treffen zu können. Diese *»What, if...?«*-Mentalität findet man auch in der Verkehrsfliegerei. Nicht umsonst wird für jeden Flug ein (manchmal sogar zwei) Ausweichflughafen bereitgehalten. Nur für den Fall, dass...!

Als Ausbilder erkannte ich nach einer Weile sehr leicht, wenn ein jüngerer und unerfahrener TORNADO-Pilot nicht genügend an seiner *»What, if...?«*-Planung vor dem Flug gearbeitet hatte. Sie wollen wissen wie? In der Luft basiert jeder Flug auf der Einhaltung von bestimmten Geschwindigkeiten. Geschwindigkeit bedeutet Zeit. Und Zeit ist die Grundlage eines jeden militärischen Einsatzes. Die taktische Notwendigkeit einer *mission*. Bei jedem Flug herrscht die Auflage (die unweigerlich eines der *mission aims* werden muss!), zu einer bestimmten Zeit an einem bestimmten Ort zu sein. Dieser Ort ist fast immer das Ziel. Anders ausgedrückt: Es besteht eine Planungsfreiheit bei der Geschwindigkeit, die nach unten durch die optimale Manöver-Geschwindigkeit des Flugzeuges begrenzt und nach oben durch den maximalen Kraftstoffverbrauch definiert wird. Je schneller, desto höher ist der Spritverbrauch. Die optimale Manöver-Geschwindigkeit ist wiederrum konstruktionsbedingt vorgegeben und sorgt dafür, dass man die höchste Leistungsreserve im Falle eines Angriffs durch feindliche Flugzeuge oder Raketen zur Verfügung hat. Unterhalb dieser Geschwindigkeit kann der Pilot nicht die volle aerodynamische Leistung des Flugzeuges abrufen. Kampfpiloten müssen darauf achten, dass der Kraftstoffverbrauch durch zu große Geschwindigkeit nicht zu hoch wird und dass eine bestimmte Fahrt in gegnerischen Gebieten (real oder bei Übungen) nicht unterschritten wird. Die erste, fast immer intuitive, Reaktion eines unerfahrenen Piloten auf ein unvorhergesehenes Ereignis in der Luft ist nun, den Gashebel ein wenig rauszuziehen. Das passiert deswegen, damit Zeit entsteht. Zeit, um Reaktionen durchzudenken. Um Lösungen für das Problem zu finden. Wenn ich neben einem jungen Piloten in Formation flog und durch sein plötzliches Zurückfallen

erkannte, dass die Geschwindigkeit nachließ, so wusste ich automatisch, dass er gerade die Grenzen seiner *»What, if...?«*-Planung erreicht hatte. Ich merkte mir diesen Augenblick und sprach ihn nach dem Flug darauf an. So konnte ich verstehen, welchen *threat* er übersehen hatte.
Vielleicht kennen Sie so etwas vom Autofahren? Wenn Sie das Gefühl haben, Sie verfahren sich gerade, halten Sie dann Ihre Geschwindigkeit konstant? Oder geht Ihr Fuß automatisch ein bisschen vom Gas? Sie werden langsamer, wetten? Oft beobachte ich Autofahrer auch dabei, wie sie sich in dieser Situation ein wenig nach vorne lehnen. Ganz so, als ob sie die Lösung, den Ausweg aus der Misere, auf dieser Weise schneller sehen könnten. Solche Reaktionen sind sehr menschlich und nachvollziehbar. Das Gehirn versucht schlichtweg, sich mehr Freiraum zu verschaffen. In Augenblick des Ereignisses kann man meist wenig dagegen tun. Im Vorfeld ist das schon einfacher. Sorgen Sie einfach für eine gute *»What, if...?«*-Planung und Sie werden vorbereitet sein. Werden nicht zögern, stocken oder abbrechen. Regelmäßiges Üben ist hilfreich. Wenn Sie klar wissen, was Sie alternativ tun können, werden Sie nicht vom Gas gehen. Sie schalten dann gezielt von Plan A auf Plan B um. Und alles läuft problemlos weiter.
Unter Kampfpiloten existiert ein schöner Satz, der aussagekräftiger kaum sein könnte:

***P**ROPER **P**REFLIGHT **P**LANNING **P**REVENTS **P**ISS-**P**OOR **P**ERFORMANCE*

Entschuldigen Sie die Ausdrucksweise. Aber manchmal muss man einfach plastisch sein, damit Botschaften besser zu verstehen sind. Diese *7* ***P´s*** gehören zum Vokabular eines jeden Jet-Piloten. Auch jeder andere kann von diesem markigen Satz profitieren. Sollten Sie nicht fliegen, so lassen Sie das Wörtchen *Preflight* einfach weg. Merken Sie sich dann die *6* ***P´s***! Ihnen wird mit diesem Satz zu jeder Zeit in Erinnerung gerufen, wie essentiell es ist, sich zu den *threats* hinreichend Gedanken zu machen. Also das *»What, if...?«* – Prinzip konsequent anzuwenden!
Immer wiederkehrende, also mehr oder weniger regelmäßige, *threats* werden *contingencies* bezeichnet. Die Erklärung der *threats* und *contingengies*, nichts anderes nimmt in einer Vorflugbesprechung (Briefing) so viel Zeit ein. Immer und überall stellt man sich die Frage. Was machen wir wenn...? Für diesen Fall werden Checklisten erstellt. Notfall-Prozeduren geübt. Handlungs-Routinen immer und immer wieder einstudiert. Tritt etwas ein, so muss man vorbereitet sein. Feuer, Triebwerksausfall, Generatorprobleme, Unwohlsein eines Passagiers, Fahrwerk fährt nicht aus, ein Terrorist verschafft sich Zugang zum Cockpit, ein Pilot wird ohnmächtig, Rauch in der Kabine, Streit unter Fluggästen, Lautsprecher funktionieren nicht, der Flugplatz wird wegen Bombendrohung geschlossen. Und so weiter und so fort. Ganz ehrlich: Was kann Besseres passieren, als stets einen funktionierenden Plan B in der Tasche zu haben?

Die Planung endet nicht mit der Landung. Auch Tanken und Parken müssen vorher bedacht werden.

Contingencies

Contingencies sind nicht *mission*-typisch. Sonst würden sie nicht bei so vielen *missions* auftreten. Um nicht jedes Mal wertvolle Zeit zu verschwenden, überlegt man sich für diese wiederkehrenden threats auftragsunabhängige Lösungen. In der Luftfahrt werden contigencies in den *Standard Operating Procedures (SOP)* zusammengefasst und allen Piloten zugänglich gemacht. Man liest sie. Man kennt sie. Man übt sie. Im Flugzeug. Im Simulator. Und schon ist man vorbereitet, ohne sich groß eigene Gedanken machen zu müssen. Und dadurch, dass Piloten sich an die *SOPs* halten ist zudem sichergestellt, dass man weiß, wie andere auf ein bestimmtes Ereignis reagieren werden. Das schafft Transparenz, gibt Handlungssicherheit und schützt vor unüberlegten Reaktionen, die eventuell weniger zielführend sind.

Contingency-Planung ist eine dringende Notwendigkeit. Kein Luxus. Sie ist Teil des *threat man-agements*. Ohne dies wird man früher oder später eine Bauchlandung erleben. Egal, ob im Cockpit, im OP, hinterm Tresen oder im Call-Center. Gewisse Dinge müssen vorher geklärt sein, weil sie in der Hitze des Gefechts (dieser Ausdruck passt ja ganz gut) nicht entschieden werden können. Wie schon erwähnt führen einige Menschen den Vorgang intuitiv aus. Entwickeln recht automatische Reaktionsmuster. Doch das ist nicht immer ausreichend. Denn Intuition ersetzt keinen Plan. Intuition kann einen Plan gewinnbringend ergänzen. Wenn der Chef schlechte Laune hat, weicht man ihm aus. Das ist ein intuitives Reaktionsmuster. Bringt es aber auch die Lösung? Vielleicht wartet er/sie ja gerade nur darauf, dass die Lösung für sein/ihr Problem auftaucht, die Sie ihm geben können. Ihr Schweigen wird also kontraproduktiv sein. Fragen Sie ihn/sie doch stattdessen nach ein paar Minuten Zeit und legen gute Arbeit vor, so kann sich seine/ihre Laune verbessern. Und Sie wissen genauer Bescheid.

Einen gewissen Anteil an Überraschung kann man aber auch durch gute *»What, if…?«*-Planung nicht eliminieren. Ein gewisses Restrisiko bleibt immer. Der Trick ist, durch umfassende und geübte Vorausschau möglichst wenig Überraschungspotential übrig zu lassen. Ein wichtiger Punkt ist dabei die Betriebsblindheit. Manchmal können unbeteiligte Personen Dinge und Vorgänge besser wahrnehmen, die einem selbst bisher verborgen geblieben sind. Auch weiß die Gruppe fast immer mehr, als die Summe einzelner Mitglieder. Soll heißen: Durch Ausnutzung des Teameffektes – beispielweise durch zielgerichtetes Brainstorming – gelangen Sie zu Lösungen, die alle Teilnehmer einzeln befragt gar nicht hätten präsentieren können. Synergie ist hier das Zauberwort. Das alles zeigt uns die Wichtigkeit von Teambesprechungen und Teamtrainings. Ablauf und Dynamik solcher Events möchte ich an dieser Stelle nicht genauer erklären.

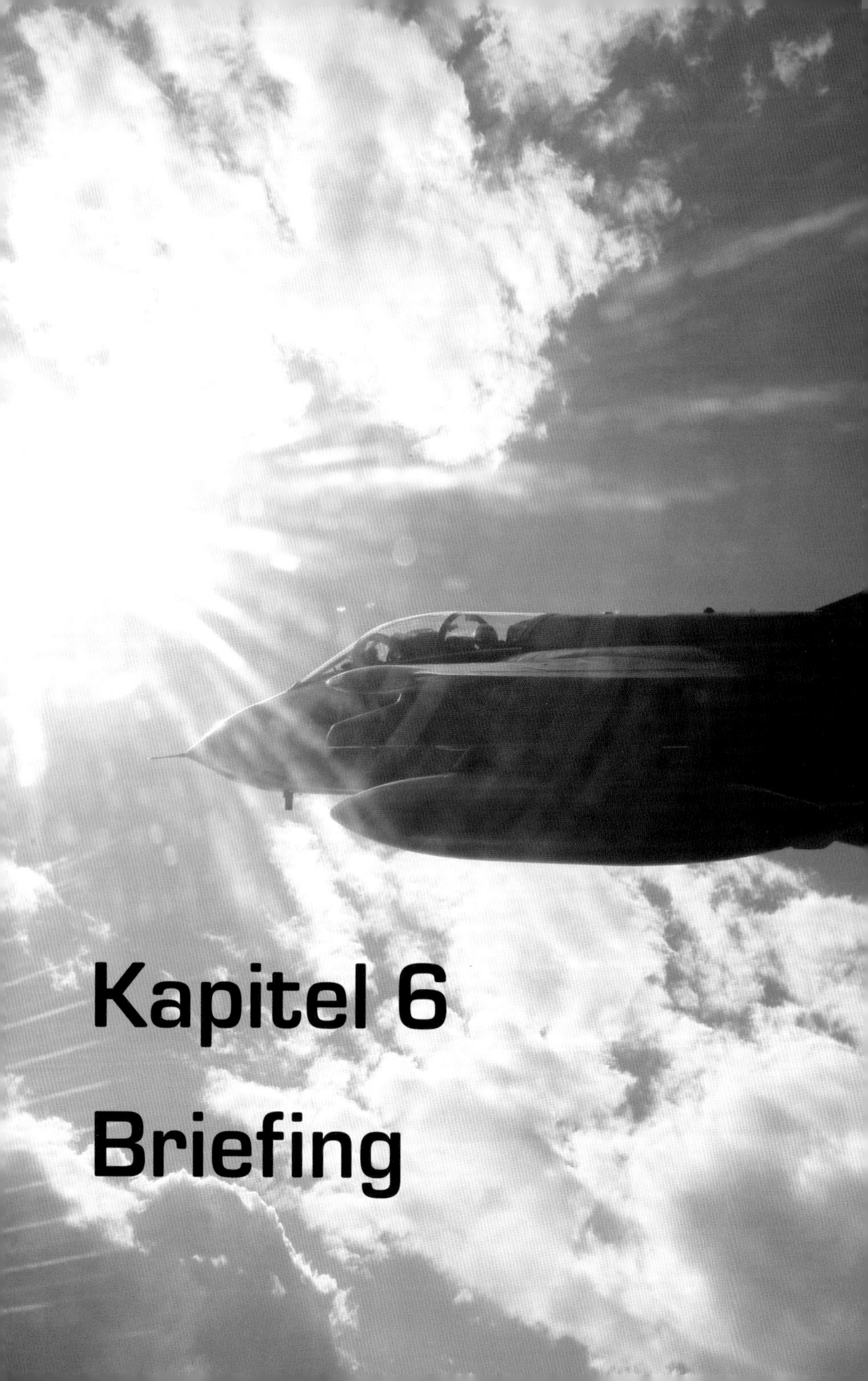

Kapitel 6
Briefing

Die Ausführung ist nur so gut wie der Plan. Und der Plan: Der verkauft sich nicht von allein. Insbesondere, je mehr Teilnehmer an der Ausführung partizipieren. Es gilt deshalb, sich intensiv Gedanken zu machen, wie man den gefassten Plan allen Beteiligten vorstellt, damit die Ausführung exakt so verläuft, wie man es möchte. Wir nennen die Vorstellung des Plans *Briefing*. Sie werden es sich denken: Auch hierfür besitze ich eine Struktur! Grundsatz ist:

PLAN FOR SUCCESS – BRIEF FOR FAILURE

Der erste Teil »plan for success« bedeutet nichts anderes, als dass ich mich während der Planungsphase am Erfolg orientiere:

- Stimmt die Einstellung?
- Steht mein Team?
- Ist die Zeit reif für die Ausführung?
- Sind *objectives* und *mission aims* klar und verständlich definiert?
- Sind die Ziele erreichbar, messbar und machen sie Sinn?
- Habe ich das *»What, if…?«* – Prinzip eingehend berücksichtigt?

Prima. Dann kann der Plan ja umgesetzt werde. Dem Erfolg steht nichts im Wege.

Der zweite Satzteil *»brief for failure«* steht für die Orientierung am Misserfolg. Zwar schaue ich auch schon während der Planung darauf, was schief gehen könnte. Nämlich im *»What, if…?«* Teil. Doch während des folgenden Briefings setzte ich erst die Akzente für mögliche Fehlschläge. Ich erkläre hier, was getan werden soll/kann, im Falle, dass…! Dafür ist das Briefing da. Um die Inhalte im Briefing leicht erklären zu können, plane ich gründlich, strukturiert und unkompliziert. So bedarf meine Idee keiner langen Erklärung. Der größte Teil des Briefings beinhaltet Aspekte des Versagens, der Fehler, der Probleme.

Meine Briefing- und Ausführungsunterlagen bereits ich gut vor (oder lasse sie vorbereiten), so dass Fakten und Details schnell und mit wenigen Blicken verständlich erscheinen. Mein Plan vermittelt immer den Gesamteindruck: *»Let´s go, this way!«* Auch mit wenig Zeit müssen wichtige Details aus Vorlagen ableit- und erkennbar werden, ohne dass ich mich erst detailliert erklären muss. Fragezeichen im Gesicht sind grundsätzlich kein gutes Zeichen für Einfachheit. Wenn wir uns an den KISS-Grundsatz erinnern, ist es gar nicht so schwierig, einen guten Plan zuerstellen. *Keep it stupid simple!* Wir müssen einen Plan, soweit wie möglich, einfach und verständlich halten. Achten Sie auf die Zielgruppe!

Der Plan steht! Er ist einfach! Gut. Was jetzt im Briefing besprochen werden muss sind die Dinge (*threats* und *contigencies*), die den Plan definitiv vereiteln können. Die kleinen und die großen Eventualitäten. *Contingencies* werden weitestgehend durch die *Standard Operating Procedures* abgedeckt. Sie sind nicht *mission*-spezifisch und können unabhängig vom *mission aim* zum Problem werden. Krankheit eines Mitarbeiters, verspätete Zahlungseingänge vor Seminaren und so weiter. Man stellt sich Abläufe vor und versucht zu ermitteln, was passieren müsste, damit die negativen Folgen minimiert werden können. Dafür erstellt man dann einen allgemeinen Alternativplan und packt alles in die *SOP*. Im Briefing können Sie dann die Punkte der *contigencies* damit abdecken, in dem Sie sagen: *»Problem XY – gemäß SOP!«*

Auftragsspezifisch achten Sie hingegen auf Besonderheiten, die just dieses Mal auftreten und Ihnen die Suppe verhageln könnten. Der Zielflugplatz ist wegen schlechtem Wetter geschlossen. Sie können nicht landen. Die Buchhaltung stellt Ihnen nicht wie vereinbart die erforderliche Summe für den Einkauf zur Verfügung. Der Firmenwagen hat auf der Strecke zum Kunden einen Platten. Solche Ereignisse sind heute dramatisch. Zu einem anderen Zeitpunkt spielen sie vielleicht weniger eine Rolle. Und genau deswegen müssen Sie sie heute bedenken. Und Beteiligte im Briefing über den Alternativ-Plan in Kenntnis setzen. Dadurch, dass Sie die *contingencies* kurz und knapp abarbeiten konnten, bleibt Ihnen für diesen wichtigen Part mehr Zeit. Für Piloten hat ein Briefing etwas Unantastbares. Es ist quasi heilig. Es entspricht immer einem festgelegten Format. Hat Regeln und Ordnung. Nur einer spricht. Alle anderen hören zu. Niemand ist abgelenkt und spielt mit dem Handy. Oder stellt zur falschen Zeit eine Frage. Die persönliche Einstellung spielt beim Briefing eine große Rolle. Hier fällt auf, wie diszipliniert das Team ist. Mit welchem Enthusiasmus die Teilnehmer an die Aufgaben heran gehen. Und man sieht, welche Qualitäten der oder die Verantwortliche hat, das Team zu leiten. Lassen Sie es mich noch einmal betonen: Vom Briefing hängt fast immer der Erfolg und Misserfolg der gesamten Ausführung ab. Hier laufen alle Dinge zusammen. Als Verantwortlicher bin ich verpflichtet *to make it work*. Also die Sache funktionieren zu lassen!

Unterschied Briefing und Meeting

Jeder kennt Meetings. Doch wo genau liegt der feine Unterschied zum Briefing? Ein Briefing ein Meeting zu nennen ist eine Beleidigung. Meetings finden täglich statt. Manchmal sogar mehrfach an einem Tag. Sie sind Bestandteil von Betriebsabläufen. Einmal findet ein Meeting spontan statt, ein anderes Mal geplant. Es hat keinen festen Charakter und Ablaufrhythmus. Manchmal kommt etwas bei einem Meeting heraus. Das andere Mal verlassen Teilnehmer ohne nennenswerte Erkenntnis den Raum. Ein Meeting ist eben kein Briefing. Letzteres ist ein Event, dass fest verabredet wird und einer strikten Form unterliegt. Es hat Ziele und Spielregeln. Es markiert einen echten Meilenstein in einem Prozess. Erst im Briefing werden Ziele für alle verständlich und Abläufe nachhaltig abgesichert. In einem Briefing dreht sich alles, aber auch wirklich alles, um die Ausführung. Vollkommen egal, ob Sie eine bis unter die Zähne bewaff-

Um eine Formation erfolgreich zu führen muss ich sie erst einmal briefen.

nete Vierer-Formation ins Feindesland führen oder einen Blinddarm operieren wollen. Ein neues Produkt entwerfen oder eine vorhandene Ladenausstattung durch eine neue ersetzen möchten.

Leider trifft man außerhalb der Fliegerei viel zu wenig auf Briefings. Obwohl Manager das gleiche Ergebnis wie Kampfpiloten wünschen. Eine sichere Rückkehr des Teams mit sicheren Erfolgen in der Tasche. Leider aber überspringen die meisten Menschen den Punkt, an welchem man die Erfolge konkret absichern kann. Das Briefing! Dieses erfolgreiche *tool* sollte ein Instrument des täglichen Geschäfts werden, damit Ressourcen zu 100 % genutzt werden. Ein Briefing ist so kraftvoll, dass es ein nicht sehr erfahrenes Team in eine schlagkräftige TORNADO-Vierer-Formation verwandeln kann. Nur im Briefing werden Zeichen gesetzt, Richtungen vorgegeben und Ziele deutlich gemacht. Hier werden Rückfragen und Zweifel endgültig aus der Welt geschafft. Ich möchte Sie wirklich ermutigen, dieses einfache und zuverlässige Werkzeug künftig verstärkt einzusetzen. Ganz gleich für was oder an welcher Stelle.

Struktur des Briefings

An einem Briefing gibt es nichts Zufälliges. Oder etwas Unbeabsichtigtes. Es herrscht auch kein lustiger Austausch in stimmungsvoller Runde. Womöglich sogar noch ohne Ansage von Beginn- und Endzeiten. Einem Briefing liegen Regeln zu Grunde, die von allen eingehalten werden müssen. Vom kleinsten Mitarbeiter bis zum Chef. Um diese Regeln nicht jedes Mal neu definieren und kommunizieren zu müssen, geben Sie am besten einen allgemeinen Verhaltenskodex und die Grundlagen für Ihre Briefings aus. Zum Beispiel in den *SOPs*. Jeder sollte die Regeln kennen. Dann gibt es bei Pannen (wie zum Beispiel Zu-Spät-Kommen) auch kein Rausreden nach dem Motto *»Das wusste ich ja gar nicht! Tut mir leid!«*

Wenn Sie an ein Briefing heran gehen, denken Sie zunächst an diese Regel-Anker:

- *Methode*
- *Struktur*
- *Ziel*
- *Zeit*

Die Tür öffnet sich kurz vor dem Briefing. Und schließt sich genau dann, wenn es losgeht. Und zwar genau dann, wenn es losgeht. Nicht erst zehn Sekunden danach. Mir ist es schon passiert, dass ich wegen einem Stau zu spät zur Arbeit kam. Es waren nur Sekunden! Das Briefing hatte aber bereits begonnen und ich stand vor verschlossener Türe. An ein spätes Hereinplatzen hätte ich im Traum nicht gedacht. Sowohl mein Chef als der gerade Vortragende (Wetterberater, Einsatzoffizier) hätten mich mit äußerst strafendem Blick angesehen. Wer zu spät ist, hat eben Pech. Während meiner Ausbildung in Texas war es sogar so, dass jemand, der das morgendliche Briefing verpasst hatte, an diesem Tag gar nicht fliegen dufte. Einerseits aus Strafe für die Verfehlung. Anderseits weil die Infos, die vermittelt wurden, wichtig für alle Flüge des Tages waren.
Nur der Redende steht. Und hat das Wort. Alle anderen sitzen und schweigen. Keiner steht ungefragt auf und läuft herum. Sämtliche Präsentationsgeräte sind vor Beginn vorbereitet und logisch angeordnet. Die Schrift auf Flip Charts und Tafeln ist groß und lesbar. Verwendung von unterschiedlichen Farben ist perfekt, um Dinge hervorzuheben. Zu jeder Zeit müssen Verständnisfehler vermieden werden. Wenn Sie noch nicht so oft vor Publikum an ein Board geschrieben haben, so tun Sie es das erste Mal besser allein. Gehen Sie in den Briefing-Raum und schreiben etwas an die Wand. Setzen Sie sich danach in die letzte Reihe. Können Sie Ihre Schrift gut lesen? Ist sie gerade und deutlich? Wenn Sie vorhaben, komplexe Dinge während des Briefings anzuzeichnen (Formen, Strukturen, Tabellen, Modelle), dann setzen Sie vorher kleine Punkte auf die Tafel. Niemand kann diese von weitem erkennen. Sie werden Ihnen aber gute Dienste leisten, wenn Sie später vor Publikum nur noch die kleinen Punkte miteinander verbinden müssen. Auch ein langes Lineal ist hilfreich, wenn man es zum Anschreiben von Wörtern unter den Stift legt. Die Schriftform wird schön gerade und sieht professionell aus. Bereiten Sie Unterlagen, die Sie ausgeben möchten, sauber vor. Legen Sie sie kleine Stapel bereit. Und geben Sie sie erst aus, wenn es an der Zeit ist. Zuhörer, die in Seiten blättern, die noch keine Relevanz für das Gesagte haben, sind störend weil gedanklich abwesend. Augen und Ohren müssen immer zu Ihnen gerichtet sein. Wenn Sie etwas verteilen (Handout, Formblatt, etc.), geben Sie

den Teilnehmern ein bisschen Zeit, in die Unterlagen hinein zu sehen. Es versteht sich von selbst, dass Sie diesen Zeitverlust von vorn herein einplanen.

Achten Sie auf Stimme und Redegeschwindigkeit. Bei fehlender Übung sprechen Sie erstmal vor Freunden, der Partnerin oder dem Partner. Lassen Sie sich Feedback zu Verständlichkeit, Geschwindigkeit, Modulation, Monotonie des Gesagten und Ihrer Gestik geben. Achten Sie auf Ihre Augen. Blicken Sie nicht immer an die gleiche Stelle im Raum. Versuchen Sie vielmehr, alle Zuhörer anzusprechen. Als Fixpunkt nehmen Sie die Stelle zwischen den Augenbrauen einzelner Zuhörer. Dorthin zu sehen fällt vielen Menschen leichter als direkt in die Augen. Einen Unterschied kann man nicht feststellen.

Wenn Sie Technik einsetzen (PC, Beamer, Fernbedienung, Laserpointer, etc.), testen Sie diese vor Beginn. Machen Sie sich damit vertraut. Es gibt nichts Unangenehmeres, als durch Fehlbedienung oder Unwissenheit den Fluss einer Veranstaltung unnötig zu unterbrechen. Auch sollten Sie an Ausfälle denken. Eine Ersatzbirne für den Beamer, Batterien für den Laserpointer und so weiter helfen im Zweifelsfall, den Faden nicht komplett zu verlieren. Ihr Publikum, die Mitglieder des Teams, dürfen nicht reden, bevor Sie ihnen dies nicht gestattet haben. Machen Sie diese Regel klar. Am besten direkt zu Beginn, wenn es schon nicht in der *SOP* steht. Sie wünschen kein Handheben und keine Zwischenrufe. Jeder wird aber zu einem festen Zeitpunkt die Gelegenheit bekommen, Kommentare und Fragen an Sie zu richten.

Wenn ich in ein Briefing gehe, erkenne ich in wenigen Sekunden den Geist beziehungsweise das Charisma, das dem gesamten Vorhaben/der Aufgabe zu Grunde liegt. Ich stelle schnell fest, ob sich der oder die Verantwortliche gut vorbereitet hat oder mehr oder weniger die Sache aus dem Ärmel schüttelt. Ähnlich werden Ihre Zuhörer empfinden. Mitglieder Ihres Teams. Der erste Eindruck zählt nicht nur beim Aufeinandertreffen von Personen, er stellt auch definitiv Weichen bei einem Briefing. Je nachdem, wie gut oder schlecht Sie in den ersten Augenblicken auf andere wirken, werden Ihnen diese folgen. Als Kampfpilot bedeutet das Wort »folgen« unter Umständen, Seite an Seite in einen Kampfeinsatz mit Feindbedrohung zu starten. Ein perfektes Briefing ist für Kampfpiloten Auftragsmotivation. Oder würden Sie einem schlecht vorbereiteten Formationsführer Ihr Leben anvertrauen?

Manche Flight-Briefings beginnen nicht nur schlecht. Sie enden auch so. Und wie ich es in einem solchem Fall bereits während Planung oder Briefing ahnen kann, verläuft dann auch der gesamte Flug (die Ausführung des Plans also) schlecht! Das Briefing ist sehr häufig ein Indikator für den Verlauf der Dinge, die da kommen. Wenn es unausgereift erscheint, können Sie darauf wetten, dass auch die Ausführung unausgereift sein wird!

Der erste Eindruck

Das Briefing ist eine Informations- und eine Motivationsveranstaltung gleichermaßen. Hier werden Teammitglieder abgeholt. Sie erhalten dort die Werkzeuge und das Wissen, um Aufträge und Aufgaben erfolgreich zu bewerkstelligen. Briefings setzen den Standard für die Ausführung. Aus dem Grunde sollten Sie das Briefing nie als unwichtig ansehen, sei die Aufgabe auch noch so klein. Beginnen Sie stets pünktlich. Machen Sie klar, dass Sie 100% Anwesenheit erwünschen. *On time* versteht sich. Exakt bei Beginn schließen Sie die Tür. Die Teilnehmer sollen dann schon sitzen. Nicht im Raum stehen und in kleinen Gruppen muntere Unterhaltungen führen. Es versteht sich von selbst, dass es die ersten Male nicht so gut funktionieren wird. Nach ein paar Briefings beziehungsweise Wiederholung, dass Sie es genauso wünschen, wenn Sie in der Verantwortung sind, wird sich allmählich Ruhe einstellen und die Teilnehmer werden pünktlich sitzen und Ihnen zuhören. Niemand mag es nämlich, der oder die Letzte zu sein.
Wenn Sie bei Beginn nicht allen Teilnehmern bekannt sind, stellen Sie sich kurz vor. Nennen Sie Ihre Position und/oder Verantwortung. Nicht zu lang, denn als nächstes sollten Sie sagen, wie lange das Briefing dauern wird. Sonst kommt irgendwann Unruhe auf. Anfangs kann man das mit der Dauer nicht so genau abschätzen. Bauen Sie sich daher lieber einen kleinen Zeitpuffer ein. Denn kürzer als geplant wird ein Briefing fast nie. Mit etwas Übung können Sie die Länge ziemlich genau vorhersagen. Wenn

Sie Mitgliedern Ihres Teams eigene Redezeit zustehen (zum Beispiel Fachleuten, Sachbearbeitern), vergeben Sie feste Zeitfenster. *»Du hast 8 Minuten Zeit!«* Vortragende müssen vor Beginn des Sprechens wissen, wieviel Zeit sie haben, um ihre Details zu vermitteln. Achten Sie strikt darauf, dass niemand überzieht. Ein nettes und unauffälliges Winken von der Seite, wenn nur noch ein oder zwei Minuten verbleiben, schützt davor, jemanden mitten im Satz abzuwürgen. Niemals dürfen Sie gravierende Überziehungen tolerieren, denn das wirft letztlich Ihren Plan unwiederbringlich durcheinander.

Deutlich länger als vorhergesagt zu briefen wirft ebenfalls einen Schatten auf Ihre Kompetenz und Leistung. Ein Briefing kann noch so gut sein. Wenn Sie es überziehen, werden Teilnehmer ungeduldig, gedanklich abwesend. Gemurmel entsteht. Das kann dazu führen, dass die Überzeugung entsteht, dass Sie als Verantwortlicher die Sache nicht im Griff haben. Wenn Sie es wünschen, können Sie irgendwo vermerken (Flip Chart, Tafel), wann das geplante Ende sein soll. Jeder kann dann zwischendurch darauf schauen und sich zeitlich arrangieren. Damit Sie selbst während des Briefings die Zeit nicht aus dem Auge verlieren, müssen Sie die Uhr im Auge behalten. Unpassend ist jedoch, dauernd auf den Armband-Wecker zu blicken. Das stört! Nehmen Sie diese besser ab und legen Sie sie vor sich auf den Tisch. Blinzeln Sie dann nur darauf, wenn Sie ohnehin nach unten schauen. Ein anderer Trick ist eine Uhr an der Wand auf der gegenüber liegenden Seite des Briefing-Raums. Im Rücken der Teilnehmer, die Ihnen ja stets zugewandt sitzen. In dieser Anordnung fällt es Niemandem auf, wenn Sie auf die Uhr schauen.
Die Sache mit der Zeit hat einen zusätzlichen psychologischen Faktor: Wenn Menschen Ihnen nicht bei der Dauer des Briefings vertrauen können (weil Sie gnadenlos überziehen), dann werden sie auch wenig Interesse zeigen, Ihnen bei der Ausführung Ihres Plans zu vertrauen. Sie werden es also schwerer haben. Andersrum gilt das natürlich auch!
Nutzen Sie visuelle Reize. Man kann Ihnen auf diese Art besser folgen. Verwenden Sie Fotos, Flip Chart, Beamer, Karten, Tafel, usw. Ich führe die Augen der Briefing-Teilnehmer von einem zum anderen Medium. Ich bin der Reiseleiter. Arrangiere den Vortrag nach meinem Gusto. Zu meinen Themen biete ich visuelle Fixpunkte. Menschen merken sich Dinge leichter, wenn sie über unterschiedliche Sinneskanäle kommen. Halten Sie das Briefing also vielseitig und interessant. Schließen Sie aber Überflüssiges aus und nutzen nur das, was Reize setzt. Wenn Sie etwas anschreiben während des Briefings, lesen Sie das auch so vor. Keine neuen Interpretationen! Das verwirrt nur. Umschreiben Sie Fachbegriffe nicht. Es sind Fachbegriffe weil sie eine besondere Aussage besitzen. Diese Aussage wird sonst unklar. Informationen müssen auf ein Verständnis-Minimum reduziert werden. Ich nutze für dieses Minimum den Ausdruck *»Bullet Points«*. Schreiben Sie nur *»Bullet Points«* an Tafel, Flip Chart, Beamer etc. Das sind die Punkte, die wirklich wichtig sind. Niemals das gesamte Briefing visualisieren!

Kampfpiloten nutzen einen Trick, um ihr Briefing noch erfolgreich zu machen. *Line Up Cards* oder *Mission Cards*. Ein fantastisches *tool*: Wichtige Informationen werden vor dem Briefing auf ein (zum Beispiel DIN A4 oder DIN A5 großen) Blatt in übersichtlicher

Form geschrieben. Dabei wird eine logische Struktur bei stets gleich bleibendem Aufbau verwendet. Wenn man chronologisch arbeitet, macht man fast nie etwas falsch. Anwender müssen zu jeder Zeit Informationen identifizieren und verstehen können. Bevor ich solche *Line Up Cards* vor oder während des Briefings verteile, gebe ich sie jemandem für eine Quality Control. Fehler dürfen darauf niemals existieren. Teilnehmer werden diese finden und sich darauf konzentrieren. Außerdem können Fehler den Verlauf der Ausführung negativ beeinflussen. Manchmal lege ich die *Mission Cards* vor Beginn auf die Sitzplätze oder auf die Tische. Ein anderes Mal lasse ich die *Mission Cards* erst nach Briefing-Beginn rumgeben. Doch wie gesagt, ich gebe jedem Teilnehmer einen Augenblick Zeit, darauf zu schauen, bevor ich mit meinem Briefing weiter mache. Erwähne ich eine Information, die sich auf der *Mission Card* befindet, sage ich das. Zum Beispiel: *»Sie finden diese Information unten links!«*

Line Up Cards haben den Vorteil, dass Teilnehmer nach dem Briefing über eine Guideline (»Roten Faden«) verfügen, was sie wann wie tun sollen. Denn die *Mission Card* nimmt jeder nach dem Briefing mit. Ein weiterer Vorteil: Ziele, Ideen und Weisungen bleiben jedem lebendig im Gedächtnis, weil man sich bei Informationen auf der *Mission Card* unweigerlich an Ihre Worte und Ausführungen im Briefing erinnert.

Sie können, wenn sinnvoll, in kleinen Gruppen briefen. Wir tun das auch. Angriffsflugzeuge briefen zusammen. Luftverteidigung brieft gemeinsam. Wetter und NOTAMs bekommen aber alle vorgetragen. Brechen Sie Ihr Briefing in logische Teile auf. Verteilen Sie danach Verantwortungen für einzelne Unterbriefings auf Teammitglieder. Das hat den Vorteil, weil man sich in Einzelbriefings intensiv um spezielle Befindlichkeiten kümmern kann. Was wiederrum dazu führt, dass sich Mitglieder noch wohler mit dem Plan fühlen. Finden Sie vor der Aufteilung in Gruppen heraus, was Sie allen sagen wollen/müssen. Beziehungsweise was nur für bestimmte Teilnehmer von Interesse ist. Dementsprechend strukturieren Sie Abläufe und Inhalte. Achten Sie darauf, dass klar ist, dass es nur einen Gesamtverantwortlichen gibt!

Das Ziel verkaufen

Etwas sehr wichtiges, was in einem Briefing gesagt wird, ist der erste Satz! Achten Sie auf diesen ersten Eindruck. Wiederholen können Sie ihn nicht. Wenn Teilnehmer in einen gut vorbereiteten Raum kommen, pünktlich Platz nehmen und mit Spannung ein Briefing erwarten, dann existiert eine gewisse Erwartung. Mitunter eine recht hohe Erwartung, denn die Rahmenbedingungen des Briefings haben die Teilnehmer ja offensichtlich bereits positiv eingestimmt. Jetzt ist es an der Zeit, Anwesende mit einem wirkungsvollen Satz zu begrüßen. Mit Ihrem Intro bereiten Sie den Weg für den weiteren Verlauf. Ein perfekt abgestimmtes Umfeld kombiniert mit einem unpassenden ersten Satz verwirrt alle. *»Guten Tag und willkommen. Mein Name ist ....«* – Dann folgt das Ziel, warum alle hier sind. Denn das Ziel/die Ziele ist/sind es, was die Teilnehmer meist noch nicht genau kennen. Den Sinn und Zweck des ganzen Aufwandes. Wenn ich vor Pilotenkameraden stehe, sage ich zum Beispiel:

»Good Morning Gentlemen, welcome! Our primary objective for today is to suppress enemy air defense in this area (parallel dazu zeige ich auf die relevante Region auf der an der Wand hängenden Karte). *This has to be done between 09:30 and 09:45 with four TORNADO!«*
Punkt! Es folgt ein paar Sekunden Stille. Dann frage ich: *»Is this clear to everyone?"*

Keine Fragen? Dann ist das Intro beendet. Jeder befindet sich auf dem gleichen *»sheet of paper«*, wie man sagt. Hat identische Informationen. Diesen Stil können Sie gern übernehmen. Doch bitte erinnern Sie sich immer daran: Ziele müssen messbar, verständlich und erreichbar sein. Dazu im Kontext mit der Gesamtlage stehen. Mit der obersten Vision. Jetzt folgen die Details. Die genauen Ausführungen und *»What, if...?«*-Ideen.

Ein kleiner Tipp: Wenn Sie in einem lockeren Rahmen unter Kollegen briefen, können Sie über den Einsatz einer »Motivations-Folie« nachdenken. Ein kurzer und souverän erzählter Witz oder eine lustige grafische Darstellung vor Beginn der Show. Das heitert auf und schafft eine gute Atmosphäre. Sie sollten jedoch dringend auf die Zielgruppe und den Anlass achten, denn nicht immer es passend, mit so etwas zu beginnen. Auch kann man leicht die Schwelle des guten Geschmacks oder der sexuellen Belästigung übertreten, wenn man anstößige Zoten oder Slides präsentiert. Im Zweifel lassen Sie so etwas besser weg!

Jetzt folgt die Übersicht über das Szenario. Sie müssen die gesamte Situation kurz erklären. So wie sie ist. Nicht jeder kennt sie. Ohne diese Erklärung verlieren sich nämlich einige Teilnehmer vielleicht schon bald in Details. Sie helfen mit diesem Schritt den Teilnehmern, das eigene Ziel/die eigene Aufgabe ins Verhältnis zu setzen. Dieser Spagat zwischen IST und SOLL ist in Kombination mit guten Zielen ein schicker Motivator. Nutzen Sie dafür ruhig etwas Optisches. Karten, Tabellen, Skizzen. Aber niemals zu kompliziert. Es geht nur darum, dass alle die grobe Ausgangslage verstehen.

Nun folgt das Ziel/die Ziele. Von oben herab. Grobziel – *mission aim(s)*. Alle Ziele müssen für das Briefings klar und deutlich vorgestellt werden. Auch sollten sich die angesprochenen Ziele kurz und knapp auf der *Mission Card* zum Nachlesen wiederfinden. An erster Stelle steht das Prio1 Ziel.

Ein Beginn dieser Art benötigt nicht mehr als drei bis fünf Minuten. Auch benötigt er wenig visuelle Hilfsmittel. Vielleicht eine Skizze. Oder eine Karte. Legen Sie aber auf keinen Fall sofort mit Powerpoint-Slides los. Bleiben Sie so persönlich wie es geht, wenn Sie Ihr Briefing beginnen. Sie möchten »anfassbar« sein! In diesem Teil geht es eigentlich nur darum, Vertrauen und Motivation aufzubauen. Und dazu natürlich die Gesamtlage inklusive der Ziele zu erklären. Wichtige Details werden später ausgiebig gebrieft. Mit einem guten Anfang stellen Sie Weichen. Teilnehmer werden an ihrer Position abgeholt und für die Ausführung mitgenommen. Verpassen Sie das nicht. Es ist sehr wichtig!

Korrelation der Zeit

Wenngleich die Übereinstimmung einzelner Uhren im bodennahen Formationsflug sicher wichtiger als an anderen Orten ist, so kann man doch festhalten, dass ein chronologischer Gleichlauf im innerbetrieblichen Kontext auch zu mehr Erfolg führen wird. Zeit spielt nämlich überall eine große Rolle. Vielleicht nicht unbedingt auf die Sekunde genau. Wir leben jedoch alle mit einer »persönlichen« Zeit. Richten uns danach. Von morgens bis abends. Menschen haben eine unterschiedliche Wahrnehmung von Zeit. Daher existiert an dieser Stelle ein Fehlerpotential. Umso wichtiger ist es also, dass die Zeit bei allen Projektbeteiligten objektiv gleich definiert wird. Sie werden überrascht sein, wie stark die Zeitanzeigen der Uhren Ihrer Mitarbeiter variieren. Vielleicht klingt das kindisch für Sie, Teammitglieder aufzufordern, die Uhren nach der gleichen (unbedingt korrekten) Zeit zu stellen, indem Sie sagen: *»Kollegen, gleich ist es Neun Uhr und zwölf Minuten. Drei, zwei, eins, JETZT.«* So aber zeigen Sie (vielleicht einmal pro Woche), dass Sie Wert darauf legen, dass alle Teammitglieder mit der gleichen Zeit arbeiten. Das ist auch wichtig für Prozessabläufe. Diese Aktion überträgt sich leicht von selbst auf die Stimmung und den Teamgeist. Wenn Sie Pünktlichkeit erwarten, müssen Sie die Ausgangslage definieren, auf welche Sie den Wert »Pünktlichkeit« beziehen. Andernfalls werden Sie bei Verspätung möglicherweise nur folgenden Satz hören: *»Wie, zu spät? Auf meiner Uhr ist es erst eine Minute vor!«* In der Fliegerei nennt man den Vorgang der Zeitkorrelation den *Time Hack*. Vor jedem Briefing findet ein *Time Hack* statt. Keiner hinterfragt diesen Vorgang. Er gehört zum täglichen Ablauf. Greifen auch Sie ihn auf.

Wetter und Umfeld

Ab jetzt arbeiten wir alle nach der gleichen Zeit. Sie kennen die Teilnehmer. Und das Team kennt Sie. Alle verstehen die Ziele. Auch ist die Ausgangslage klar. Jetzt kann es endlich mit dem *»meat of the mission«*, den Details, losgehen. Moment! Noch nicht ganz. Denn bevor Sie in Details eintauchen, möglicherweise Teammitgliedern eine Redezeit zugestehen, weil diese Fachleute für ein Thema sind, geht es noch darum, die *environmental factors* zu klären. Also die Beeinflussungsgrößen durch die Umwelt beziehungsweise Umgebung. In der Fliegerei sind dies das Wetter und die Situation

Wetter und Gelände spielen eine maßgebliche Rolle in 30 Meter Flughöhe.

an den Flugplätzen. Eine *mission* nimmt einen komplett anderen Verlauf, wenn das Wetter schlechter ist oder eine Landebahnen gesperrt, Flugrouten nicht möglich sind. Das Wetter spielt auch bei anderen Tätigkeiten eine nicht unwesentliche Rolle. Wenn Sie Ihr Team briefen, um eine Verkaufsveranstaltung auf Ihrem Parkplatz durchzuführen, so wird ein heranziehendes Gewitter große Bedeutung besitzen. Wenn Sie es nicht beachten, brauchen Sie erst gar nicht weiter arbeiten. Die Veranstaltung wird wortwörtlich ins Wasser fallen. Oder stellen Sie sich einen Biathlon-Wettbewerb vor, wenn der Schnee für die Athleten nicht reicht? Oder bei einem Flugplatzfest Parkplätze nicht benutzt werden können, weil es tagelang auf die Wiese geregnet hat. Besonders Outdoor-Events müssen genau das Wetter im Auge behalten.

Doch nicht nur das Wetter ist wichtig. Auch die Umgebung um meine Aufgabe herum. Wenn ich in wenigen Metern Höhe zu einem Ziel fliege, so ist es wichtig zu wissen, ob auf dem Weg Berge oder Täler sind. Dementsprechend muss der Flugverlauf angepasst werden. Nicht jeder Briefing-Teilnehmer ist bei allen Planungsschritten zugegen. Wird mitunter also erst zum Zeitpunkt des Briefings erstmalig mit der Umgebung des Fluges konfrontiert. Es ist ein Unterschied, ob ich steile Berge oder Wasser vor meiner Flugzeugnase erwarte.

Auch weiß nicht jeder, wie die Motivations- und Einstellungslage um uns herum ist. Die eigene – und die des Gegners/der Konkurrenz. Wie denkt der Gegner? Was weiß er von mir? Kennt er unsere Pläne? Oder werde ich ihn überraschen? Ist man auf meine Aktion vorbereitet? Sprechen Sie über solche Dinge. Nur so erlangen Teilnehmer identisches Wissen über Ausgangslage und Chancen. Menschen verfügen gern über eine Referenzposition, um sich orientieren zu können. Wer seine eigene Leistung und Situation im Vergleich zu anderen erkennt, kann leichter motiviert werden.

Housekeeping

Der letzte Punkt vor dem Eintauchen in die Details, dem *»meat of the mission«*, nennt sich *Housekeeping*. Darunter werden Punkte zusammengefasst, die nicht missionspezifisch, aber trotzdem erwähnenswert sind. Vielleicht weil sie auch schon länger nicht mehr erwähnt. Oder sind nicht allen detailliert bekannt. Wenn die Mutter vor der Schule gefragt hat *»Hast Du Dein Butterbrot dabei?«*, so gehörte dieser Punkt zum *Housekeeping* der Aufgabe »In-die-Schule-gehen«. Er hat nichts mit der Schule zu tun, ist aber trotzdem wichtig. Identifizieren Sie im Vorfeld Punkte, die unter den *Housekeeping*-Aspekt fallen. Briefen Sie das abgetrennt von *mission*-spezifischen Inhalten. Und halten Sie alles so kurz und knapp wie möglich. Das gilt generell für den gesamten bis hierher beschrieben Teil des Briefings. So lang wie nötig, so knapp wie möglich. Das Wichtige kommt ja erst noch! Die Details. Der Weg zum Ziel!

Die Bedrohung

Hier beginnen nun die Details. Sie können sie selbst briefen oder, wenn Sie über Fachleute verfügen, die folgenden Teile des Briefes delegieren. Den ersten Teil machen Sie immer selbst. Allein schon, weil Sie den Ton der Veranstaltung vorgeben. Den ersten Eindruck geben müssen. In meinen Briefings als TORNADO-Pilot bat ich oft Fachleute, Details vorzustellen. Nachrichten-Offiziere, System- und Waffenexperten. Solche Personen kennen sich oft besser aus. Ich selbst legte dann vorab nur die Rahmenbedingungen fest. Gab Experten beispielsweise bei Übungen vor, welche Art von Bedrohungen (Flugzeuge, Raketen, Abwehrstellungen) ich erwartete. Die Fachleute bekamen dann von mir Zeit, sich in das Thema einzuarbeiten und den persönlichen Redeteil für das Briefing vorzubereiten. Inklusive Folien, Karten, Skizzen. Wichtige Informationen mussten auf der von mir zur Verfügung gestellten *Mission Card* eingetragen werden. Ein Synonym zu meiner Bedrohung ist Ihre Konkurrenz. Wenn Sie als Leiter oder Experte Details zur Bedrohung vorbereiten, dann visualisieren Sie die Konkurrenz. Machen Sie sie greifbar. Beschreiben Sie sie im Briefing. Gehen Sie auf die Motivation und Einstellung der Konkurrenz ein. Erklären Sie überzeugend, was Sie erwarten. Ein beherztes Vorgehen an dieser Stelle ist unverzichtbar für den Erfolg!

Die Taktik

70 bis 80 Prozent der gesamten Briefingzeit werden für die Erklärung und Darstellung operativer/taktischer Details und der *»What, if...?«*-Aspekte verwendet, wenn ich auf Übungen wie Maple Flag oder Red Flag schaue. Zielvorstellung, *Time Hack*, Wetter, Umfeld, *Housekeeping* ist mit ein wenig Übung in 5-8 Minuten erledigt. Es folgt in weiteren 50 bis 80 Minuten die Vorstellung der Taktik inklusive Plan B! Erst wenn alle Teilnehmer *»on the same sheet of paper«* sind, die Ausführung also tatsächlich verstanden haben, darf die *mission* losgehen. Wenn etwas schon nicht beim Sitzen im gemütlichen Stuhl oder Sessel klar ist, wie sollen Aufgaben dann jenseits der Schallgeschwindigkeit, im Sturzflug oder mit dem Kopf nach unten erfolgreich erledigt werden? In operativer Hektik? Das ist nicht möglich! Das Ziel muss sein, alle Teilnehmer vor dem Start der Ausführung zu erreichen. Niemand darf aus dem Briefing gehen und im Unklaren sein, was, wann, wo, wie zu tun ist. Im Löwenanteil des Briefings geht es darum, *mission*-typische Inhalte zu vermitteln. In einem Kampfflugzeug gehört dazu nicht das Starten und Landen, das Betanken am Großtanker oder das Funken. Das ist Basiswissen beziehungsweise Teil der *SOP*. Letztendlich lande ich ja sonst auch. Betanke ebenfalls bei anderen *missions*. Konzentrieren wir uns in diesem Teil also nur auf die besonderen Details dieses Auftrages.

In jedem Teil eines Briefings können Sie glänzen. Fahren Sie die Geschütze auf, die Sie gut aussehen lassen. Als *Leader* erkennen lassen. Teammitglieder achten darauf. Beurteilen Ihre Leistung, Ideen, Konzepte und die spätere Umsetzung. Setzen Ihre Leistung und Vorstellung in Relation. Sagen vielleicht *»so würde ich das auch gern können«* oder *»hoffentlich stelle ich mich nicht so doof an!«* Mit der Übung kommt Kompetenz und Routine. Gelassenheit. DIe ersten Male ist jeder aufgeregt. Denken Sie daran: Ein Meister ist noch nicht vom Himmel gefallen.

Weil besonders in der Fliegerei viele Dinge recht schnell passieren, oft wenig Reaktionszeit bleibt, arbeiten wir mit einem Hilfsmittel für die Details. Es ist die *Entscheidungs-Matrix*. Das ist eine Art Kochrezept, das Entscheidungen im Voraus plant und Handlungsanweisungen bereithält. Wenn dies oder das passiert, dann mach ich dieses oder jenes! Oder tue dies oder jenes gerade nicht! Auf diese Weise vermeidet man spontane Fehler beziehungsweise individuelle Interpretationen, die in hektischen Situationen unangemessen sein können. Eine Entscheidungs-Matrix ist eine Art Checkliste. Nur eben nicht für Notfälle. Simpel, leicht zu verstehen und umzusetzen.

Ein Beispiel, bei dem die *Entscheidungs-Matrix* konsequent verwendet wird, ist das *Time-Sensitive-Targeting (TST)*. Kampfpiloten erhalten eine gedruckte *Entscheidungs-Matrix* vor dem Flug in die Hand. Nach dem Start fliegen sie erst einmal Warteschleifen. Tanken immer wieder. Solange, bis plötzlich für ihren »Service« Bedarf besteht. AWACS funkt dann mit dem nächst gelegenem Flugzeug und vergibt einen individuellen Auftrag. Weil nun alles schnell gehen muss und keine Fehler gemacht werden dürfen, schaut der beauftragte Kampfpilot auf seine Matrix. Orientiert sich daran, was bei Einflug ins Zielgebiet zu tun. Geübte Piloten sind auf diese Weise in der Lage, innerhalb von wenigen Minuten einen hochkomplexen Auftrag auszuführen. Programmierung der neuen Koordinaten. Analyse des Ziels. Einflugrichtung festlegen. Absprache mit Formationen. Kontrolle der Waffen und Sensoren. Und so weiter. Der missglückte Angriff auf den Tanklastzug in Afghanistan, befohlen vom deutschen Oberst Klein, war ein solcher TST-Auftrag. Dieser wurde schnell öffentlich, weil er misslang. Tausende von Einsätzen, die gelingen, bleiben aber geheim und zeigen, wie effektiv der Einsatz einer *Entscheidungs-Matrix* ist. Nicht für alles lässt sich aber eine solche Matrix erstellen oder verwenden. Es gibt Entscheidungen, die müssen einfach spontan und ad hoc getroffen werden. Der Trick ist, die Anzahl der ad hoc- Ereignisse durch vorherige Planung und Vorsorge weitestgehend zu minimieren. Und damit mögliche Probleme zu verringern. Denn Entscheidungen anhand einer Matrix sind oft fehlerfrei!

Übertragung für Piloten

Das Konzept der *Entscheidungs-Matrix* lässt sich hervorragend auf alle Piloten übertragen. Gerade bei Privatpiloten mangelt es häufig an Übung und Routine. Vorgegebene Entscheidungen sind dann hilfreich und können vor größerem Schaden bewahren. Es geht nicht darum, eine *Entscheidungs-Matrix* im Hinblick auf die Eintrittswahrscheinlichkeit zuerstellen. Vielmehr schaut man auf mögliche Auswirkungen und Konsequenzen. Für manche Ereignisse, möglicherweise sogar unter Zeitdruck beziehungsweise Stresseinwirkung, empfiehlt sich eine *Entscheidungs-Matrix*, weil so die Folgen planbar und fehlerfrei werden.

How to do it

Ein Briefing können Sie vor einer großen und einer kleinen Gruppe halten. Immer aber muss es auf die Teammitglieder begrenzt sein, die an der Ausführung beteiligt sind. Personen, die nichts damit zu tun haben, sollten dem Briefing nicht beiwohnen. Es sei denn, es dient der Qualitätssicherung oder der Standardisierung.

Ein Briefing darf nicht an Verantwortlichkeiten oder Autorität gebunden sein. Die Regeln, die die Struktur und den Ablauf festlegen, sind zu jeder Zeit unabhängig davon, wer etwas wo beziehungsweise wann zu sagen hat. Wenn eine Person ein Briefing leitet, dann ist diese Person auch dafür verantwortlich. Das gilt insbesondere dann, wenn Vorgesetzte dabei sind. Diese haben sich dennoch unterzuordnen, zumindest für die Zeit des Briefings. Regeln sind eben für alle da! Sonst machen sie keinen Sinn und werden auch nicht anerkannt.

Der Briefingverlauf regelt fast immer den Verlauf der Ausführung. Schaffen Sie nachvollziehbare und klare Strukturen für das Briefing, dann werden Sie es leichter haben bei der Ausführung. Wenn Teilnehmer erkennen, mit welcher Sorgfalt und Hingabe Sie das Briefing durchführen, sind sie viel eher bereit, den Wert des Projektes anzuerkennen. Am Ende des Briefings müssen sich Teilnehmer motiviert fühlen, die Aufgabe anzupacken. Jeder muss der Meinung sein, dass der Auftrag nur klappen kann, wenn er oder sie auch mitmacht.

Ein Briefing ist dynamisch. Sie kennen jetzt durch meine Ausführungen das Grundmuster. Übertragen Sie dieses Wissen individuell auf Ihre Tätigkeit. Es ist egal, ob Sie eine Gruppe von Privatfliegern im Verein über den Bau einer neuen Flugzeughalle oder Ihr OP-Team über einen komplizierten Herzkatheder briefen. Ein Briefing ist ein Briefing. Es gibt Teilnehmer und Ziele (*aims und objectives*). Gefahren (*threats*) und Alternativpläne (*»What, ifs...?«*). Ausführungs- und Projektverantwortungen. *SOPs*, Wetter und Umfeld. Ich empfehle, so oft wie möglich zu üben. Man benötigt Erfahrung, um Souveränität zu erlangen. Akzeptieren Sie Fehler und Probleme bei den ersten Versuchen im »tiefen Wasser«. Niemand ist perfekt und fehlerfrei! Selbst mir unterlaufen nach rund 20 Jahren noch Fehler, die ich aber akzeptiere und notiere, damit ich es das nächste Mal besser machen kann.

Die meisten Menschen können Ziele gut verkaufen. Durch zu schnelles Reden oder Erklären von Aufgaben kann man diesen Gewinn leider wieder zerstören. Teilnehmer verlieren sich im Wort. Aber sie sind es letztlich, die Aufgaben ausführen sollen. Die sich aber eventuell am Ende des Briefings nicht trauen, noch einmal genauer nachzufragen. Aus welchem Grund auch immer. Weil der Vortragende zu autoritär ist oder in der Stellung weit übergeordnet. Oder sogar, weil vielleicht Angst vorhanden ist, als Dummkopf da zu stehen. Es gibt eine Menge Gründe für ausbleibende Rückfragen. Sie selbst werden schnell an den Ergebnissen der Ausführung feststellen, ob Sie ein guter Briefer sind. Dinge werden nämlich dann genauso beendet, wie Sie es sich vorstellen. Menschen schauen Sie dann auch mit Respekt an. Bitten Sie möglicherweise auch mal, als Experte für andere Briefings einzuspringen. Das ist ein sehr gutes Zeichen, dass Sie auf dem richtigen Weg sind.

Ein Problem ist, dass Menschen mit höherer Verantwortung sich leichter in Erklärungen des *big pictures* verlieren. Verstehen Sie mich nicht falsch: Das *big picture* ist wichtig und wird an anderer Stelle auch gelegentlich unterschätzt. In 70 – 80% der Briefingzeit aber geht es um die Details. Das *big picture* gehört an den Anfang und ans Ende, wenn Sie alles noch einmal kurz zusammenfassen. Wenn Sie das Gefühl haben, sich zu sehr mit dem Großen und Ganzen zu beschäftigen und zu wenig konkret zu werden, dann könnte eine Lösung sein, Experten eine Redezeit für bestimmte

Details zu geben. Diese neigen zwar dann oft dazu, sich fast nur mit den Details zu befassen. Das können Sie aber mit etwas Übung gut steuern. Fachleute sind Autoritätsträger, können Ihr Briefing aufwerten.

Kapitel 7
Just do it!

Anstatt einen Kampfpiloten zu fragen, ob er weiß, wie er seine *mission* ausführen soll könnten Sie ihn auch fragen, ob er die Farbe Blau kennt. Sie werden in beiden Fällen in ein erstauntes Gesicht blicken. *»Was soll die Frage? Natürlich weiß ich das!«* Für mich als Kampfpilot steht nämlich das Briefing für die Ausführung an sich. Wenn ich im Briefing alles richtig mache, dann wird auch meine *mission* mit sehr hoher Wahrscheinlichkeit erstklassig verlaufen. Ich führe schlichtweg den Plan aus, der im Briefing vorgestellt wurde. Punkt! Ich höre aber schon die Skeptiker: *»Nein, nein. Das glaube ich nicht. Auch mit einem ordentlichen Plan und Briefing kann ich eine gute Ausführung nicht garantieren? Jedes Ziel erreichen!«* Ja. Sie haben Recht. Das stimmt. Natürlich können wir Erfolg nicht durch ein perfektes Briefings garantieren. Mit einem guten Plan und Briefing aber stellen wir Weichen für das Gelingen. Hier geben wir Teilnehmern die Möglichkeit, die gesamte Ausführung in der Theorie vorab vollkommen zu verstehen. Unklarheiten werden beseitig. Jeder kann sich im Anschluss zu 100 Prozent auf die Ausführung konzentrieren. Weiterer Bonuspunkt: Dadurch, dass alle Teilnehmer den Plan kennen und wissen, was von wem wann erwartet wird, können während der Ausführung diejenigen notfalls aushelfen, die noch *SA* haben. Sollte jemand mal die *SA* verloren gehen. Wir haben damit automatisch ein Redundanzsystem gefunden. Fantastisch! Lassen Sie mich aus diesem Grunde ein paar Werkzeuge vorstellen, damit das Briefing auch tatsächlich so ausgeführt werden kann, wie wir es uns wünschen. Diese *tools* sind frei übertragbar, sollten jedoch unbedingt vor Ausführung des Plans allen bekannt sein.

Identifikation von kritischen Komponenten

Meine *missions* waren komplex. Egal, ob Übung oder Einsatz. Hunderte fein choreografierte Abläufe mussten reibungslos ineinander übergehen, damit am Ende ein oder mehrere Ziel(e) erreicht werden konnte(n). Unzählige *»What, if…?«*-Konstellationen und Gefahren lauerten bei jedem Flug. Leider ist es unmöglich, alles zu jeder Zeit im Auge und Kopf zu behalten. Wir sind eben nur Menschen und keine Maschinen. Mit dieser Erkenntnis im Kopf können wir uns aber *tools* überlegen, damit ein komplexer Flug nicht im Desaster endet. Damit die Operation nicht mit einer Klage abschließt. Damit die Investition nicht in die Pleite führt. Kurz gesagt: Damit das gute Briefing erfolgreich ausgeführt werden kann. Ohne dauernd alles im Blick haben zu müssen. Denn das geht eben nicht!

Eines dieser *tools* heißt: *Simplifizierung*! Egal, wie eng gestrickt der Zeitplan, wie komplex die Verzahnung zwischen Abläufen, als Pilot, aber auch anderswo, muss ich Dinge vereinfachen, um sie besser greifbar zu machen. Das bedeutet, ich muss Prozesse simplifizieren. Sonst verliere ich dies- oder jenseits der Schallmauer schneller *SA* als ich gucken kann. Simplifizierung ist nun kein Hauruck-Akt. Zack. Und schon habe ich die Sache vereinfacht. Nein! Zu diesem Prozess zählen mehrere Elemente. Der erste Baustein heißt *Identifikation der kritischen Komponenten*. Diese muss ich zu jeder Zeit und an jedem Ort im Auge behalten. Komme, was wolle. Bei jeder Ausführung gibt es kritische Komponenten. Auch in Ihren. Da die Ausführung nichts anderes ist als die Wiederholung des Briefings in Tat und Handlung, sollten wir also bereits im Briefing alle kritischen Komponenten vorstellen und mit Lösungen belegen. Das bedeutet automatisch, dass wir sie in der Planung erst einmal solide identifizieren müssen. Man kann allein hierfür einen Experten beauftragen. So wichtig ist dieser Vorgang.

Selbst wenn vieles misslingt, kritische Punkte müssen einfach klappen. Als Pilot gehört die Landung zu den kritischen Komponenten. Aber auch die Versorgung von Sauerstoff und Kraftstoff. Stelle ich mir vor, ich wäre Arzt, könnte ich sagen, eine meiner kritischen Komponenten ist der Herzschlag des Patienten. Oder die Atmung. Egal, was ich gerade tue. Wenn ich beides aus dem Auge verliere, werden meine Bemühungen um den Patienten nicht erfolgreich sein. Als Verkäufer würde ich annehmen, eine der kritischen Komponenten ist der Verkauf. Gleichgültig, was ich mache. Am Ende muss die Kasse klingeln. Sie kennen mit Sicherheit Ihre kritischen Komponenten. Achten Sie darauf – zu jeder Zeit!

Entwirren

Wenn der Kopf nicht frei ist, macht man Fehler. Das ist so. Alles, was wir sehen, fühlen, hören und riechen nehmen wir im Gehirn auf. Verarbeiten es in irgendeiner Art und Weise und setzen es dann in Relation. In Relation zu unseren Zielen. Zu anderen Menschen. Zu uns selbst. Zur Zeit. Kurzzeitig verbleiben Eindrücke im Kurzzeitgedächtnis. Dort sind sie schneller verfügbar. Doch leider hat dieser Teil des Gehirns nur eine sehr begrenzte Speicherkapazität. Ähnlich der des Arbeitsspeichers eines Computers. Dem *Random Access Memory*, RAM genannt. Um die Überforderung im Arbeitsspeicher zu vermeiden, müssen Wahrnehmungen in den Langzeitspeicher (die Festplatte) abgegeben werden. Das ist das Langzeitgedächtnis. Dort sind Eindrücke für längere Zeit gut aufgehoben – leider aber nicht so schnell abrufbar wie im RAM-Kurzzeitgedächtnis. Selbst wenn wir nicht darüber nachdenken, erledigt unser Organismus diese Aufgabe von allein. Der Automatismus reicht aber manchmal nicht aus. Als Pilot helfe ich hier gelegentlich aktiv nach. Das ist der zweite Baustein bei der Simplifizierung. Ich greife dann steuernd ein, wenn Sinneswahrnehmungen so vielseitig sind, dass ich Gefahr laufe, mit dem automatischen Ablegen der Informationen nicht hinterher zu kommen. Leider werden die meisten von uns mit der Fähigkeit einer aktiven Steuerung nicht geboren. Man kann sie aber erlernen. Durch kontinuierliches Üben und Erfahrung verbessert man sie.

Ein Beispiel: Sie fahren durch den morgendlichen Stop-and-Go-Verkehr ins Büro. Kommen rund 25 Minuten zu spät. Ihr Chef schnauzt sie an. Er hat sowieso schlechte Laune, stellen Sie fest. Da kommt ihm Ihre Verspätung gerade recht. Er lässt seinen Frust an Ihnen aus. Den ersten Telefontermin haben Sie dadurch verpasst. Mist! Mal sehen, vielleicht können Sie das Telefonat ja etwas später neu terminieren? Noch stehen Sie aber im Büro vom Chef. In Ihrem Kopf spielt sich obendrein noch der Streit mit Ihrem Nachbarn am gestrigen Nachmittag ab. Er hatte Ihnen unfreundlich über den Zaun gerufen, dass Sie nicht am Sonntag Rasenmähen sollen. Sie hatten aber wirklich keinen anderen Tag zur Auswahl, weil Sie schon wochentags lange arbeiten und am Samstag der Familie einen Ausflug zu Oma und Opa versprochen haben. Ihnen blieb in der Tat nur der gestrige Tag, der Sonntag, zum Rasenmähen. Das hatte Ihnen ja auch nicht gefallen. Musste aber sein. Mensch, das hätte der Nachbar ruhig etwas freundlicher sagen können. Letztendlich haben Sie ihm erst vor drei paar Wochen Ihren Rasenmäher geliehen. Seiner war in der Reparatur. Moment: Hat er Ihnen eigentlich den Benzinkanister zurückgegeben? Der war ja auch dabei? Inzwischen schaut Sie der Chef fragend an: *»Meier, hören Sie mir überhaupt zu?«*

Stopp! Merken Sie, welchen Ballast Sie gerade im Kopf haben? Wie können Sie bei diesen Gedanken überhaupt einen klaren Kopf behalten, den Sie in ein paar Minuten für Ihr Projekt-Meeting benötigen? Es geht schließlich um ein neues und sehr wichtiges Projekt! Einfache Antwort: Sie können es nicht. In Ihrem Kopf spielt sich zu viel ab, als dass dort noch Platz für anderes wäre. Ihre *SA* ist förmlich am Boden. Auch ich habe Nachbar, Familie, Verwandte. Garten und einen Rasenmäher. Gedanken – Sorgen – Nöte! Doch wenn ich die Türe meines Autos auf dem Parkplatz schließe, bleibt mein Ballast im Auto. Mein Fokus liegt dann auf meinen Zielen. Dem Plan. Dem Briefing. Ich denke fest an die Ausführung. Das mag unhöflich klingen. Ist aber für einen Kampfpiloten lebensnotwendig. Einen kurzen Augenblick der Unaufmerksamkeit, der Abgelenktheit, und ich hätte im TORNADO sterben können. So einen Jet fliegt man nicht mal so nebenbei. Mit diesen drastischen Aussichten im Kopf lernt man schnell, sich gedanklich frei zu machen – sich zu entwirren. Einmal gelernt verlernt man die Strategie des Entwirrens nicht.

Das *tool* der Entwirrung ist nichts anderes als eine trainierbare mentale Technik, sich ad hoc mehr Arbeitsspeicher im Gehirn zu verschaffen. Nicht verwendbare Gedanken und Überlegungen für eine Aufgabe an anderer Stelle abzulegen. Im Hier und Jetzt zu sein, um Entscheidungen treffen zu können, anstatt sich mit Dingen aus der Vergangenheit oder der Zukunft zu beschäftigen. Das heißt nicht, dass man Sorgen, Nöte, Probleme komplett vergessen soll. Nein. Man legt sie nur mental zur Seite bis die Zeit da ist, sie wieder angehen zu können. Auch Privatpiloten können dieses Werkzeug verwenden. Es richtet vorhandene Energie auf das Wesentliche! In keinem Cockpit ist Platz, gedanklich abwesend zu sein.

In diesem Augenblick fokussiere ich mich zu 100 Prozent auf die Luftbetankung.

Fokussieren

Wenn Sie das Bild von mir am Großtanker sehen werden Sie sicher denken, dass dieses Manöver sehr gefährlich und schwierig ist. Nun, ohne Übung und Konzentration ist es das auch. Doch Training und Konzentration ist nicht alles, was Dinge in einem Kampfflugzeug sicherer und einfacher machen. Man muss lernen zu *fokussieren*. Wir sind beim nächsten Baustein der Simplifizierung. Was bedeutet das genau? Wenn ich zum Beispiel als Formationsführer mit meinen *wingmen* an der Startbahn stehe, auf die Startfreigabe warte, dann denke ich an meine kommende Aufgabe. Den Take-Off! Ich denke noch nicht daran, wie ich in 20 Minuten mein Flugzeug betanken werde. Oder wie ich durch feindliche Flugabwehrstellungen manövrieren muss, um zum Ziel zu gelangen. Wie ich plus/minus 10 Sekunden ein 3x3 Meter großes Ziel aus zwanzig Kilometer Entfernung treffen kann. Oder wie ich meine Formation durch das schlechte Wetter zurück zur Landung führe. Nein. Ich denke nur in diesem Augenblick nur daran, wie ich in die drei TORNADO sicher in die Luft bringe. Einer startet nach dem anderen. Im Abstand von 20 Sekunden. Wie an der Perlenschnur. Der nachfolgende Jet soll dabei den vorausfliegenden auf seinem Radar markieren. Es wird durch ziemlich schlechtes Wetter gehen. Hoch, bis auf 22.000 Fuß. Um dort dann auf den Tanker zu treffen. Das ist aber die nächste Aufgabe. Damit setze ich mich noch nicht auseinander. Mit Hilfe des *Fokussierens* auf den Start bin ich in der Lage, eine schwierige

Aufgabe nach der anderen abzuarbeiten. Ist die Aufgabe erledigt, so verschwindet sie aus meinem Kopf. Ob sie nun gut oder schlecht war, vermag ich nachträglich sowieso nicht zu ändern. Ich denke an die folgende!

Fokussieren unterscheidet sich von *Entwirren* in der Art, als dass ich beispielsweise das Betanken, den Zielanflug, die Landung nicht komplett vergesse. All das bleibt auf meiner mentalen Agenda irgendwie vorhanden. Ich halte mir relevante Dinge im Kurzzeitgedächtnis (Arbeitsspeicher) offen und verfügbar. Nur eben stehen sie in diesem Augenblick nicht im direkten Fokus meines Interesses. Erst starte ich. Dann führe ich meine Formation sicher und wie geplant durch die Wolken zum Tanker. Danach kommt die nächste Aufgabe. Der Flug zum Zielgebiet. Und so weiter. Diese Art des Herangehens an Aufgaben erlaubt, in kritischen Momenten, bei einem plötzlichen Kraftstoffleck oder Feuer vielleicht, blitzschnell anders zu fokussieren. Dann könnte beispielsweise ein schnelles Landen oder das Bekämpfen des Feuers im Vordergrund stehen. In meinem Fokus. Denn mit einem Kraftstoffleck oder Feuer fliege ich weder zum Tanker noch zum Ziel. Die Aufgabe *Landen* liegt also bereits in meinem RAM-Arbeitsspeicher bereit. Ein Umdenken ist dann einfach. Jeder kann von dieser Strategie profitieren. Blicken Sie zunächst nur auf die kommende Aufgabe. Lösen Sie diese, so gut Sie können. Erst dann schauen Sie auf die nächste. Das lässt mentalen Spielraum, wenn er dringend benötiget wird.

Hier fokussiere ich mich auf den extremen Tiefflug.

Ein weiteres *tool*, welches ich automisch nutze, ist das kontinuierliche Hinterfragen:

- *»Läuft alles so, wie ich es geplant habe?«*
- *»Oder gibt es Indikatoren für Probleme?«*
- *»Für Fehler?«*
- *»Verstehen alle Teilnehmer noch den Ablauf?«*
- *»Oder gibt es Zweifel?«*
- *»Ist etwas unklar?«*
- *»Wie liege ich in der Zeit?«*
- *»Passt alles noch zusammen?«*

Das Hinterfragen hält meinen *»What, if…?«* – Plan zu jeder Zeit abrufbereit. Wenn ich nach dem Steigflug den Tanker vor mir sehe, meine Formation in die richtige Position zum Nachtanken führe, dann fokussiere ich mich auf die exakte Ausführung der Aufgabe *Betanken*. Ich denke jedoch gleichzeitig darüber nach, was ich tun/entscheiden könnte/muss, wenn es bei mir oder einem meiner Formationsflieger mit dem Nachtanken nicht klappt. Zum Beispiel durch einen technischen Defekt. Oder ein falsches Handhaben des Flugzeuges. Oder einer der Jets hat einen Notfall. Was passiert dann? Wer macht was? Wohin kann ich fliegen? Solche und ähnliche Fragen sind unentwegt in meinem Kopf. Sie sind die Basis der ausgearbeiteten *»What, if…?«* -Konzepte. Empfehlenswert, wenn diese in Stickpunkten auf der mission card stehen. So muss ich nicht alles im Kopf haben. Ein kurzer Blick und ich weiß, was ich tun kann beziehungsweise soll! Alternativstrategien, die im Briefing vorgestellt wurden, stehen bereit. Diese Art der Vorgehensweise ist nichts anderes als eine sehr aktive Antizipation möglicher Ereignisse. Ich lasse mich ungern von Ereignissen überrumpeln.

Übertragung für Piloten

Antizipieren kann jeder. Ein Hobbypilot, der erst das vierte Mal die gecharterte Ein-Mot fliegt, könnte in seinem Briefing (Briefings kann man in der Tat auch für sich selbst halten!) folgende Ausführungsanweisung und *»What, if…?«*-Plan und für den Startvorgang festlegen:

> *»Ich hebe mit 75 Knoten ab. Wenn ich bei der Halbbahn-Markierung nicht 60 Knoten auf dem Fahrtmesser sehe, ziehe ich die Power raus und bremse bis zum Stillstand ab.«*
>
> *»Nach dem Abheben, mit positiver Steigrate, fahre ich das Fahrwerk ein. Wenn mein Fahrwerk nicht einfährt, führe ich den Fahrwerkshebel wieder nach unten. Fliege dann maximal 95 Knoten. Als nächstes schaue ich in die Checkliste und halte mich in der Nähe des Platzes auf.«*

> *»Fährt mein Fahrwerk ein, steige ich auf 2.500 Fuß MSL, um wie geplant den IFR-Pick Up mit Langen Radar zu bekomme. Bekomme ich ihn nicht, fliege ich nicht in Wolken ein. Ich drehe stattdessen zwei Vollkreise in VMC während ich weiter über Funk versuche, eine Freigabe zu erhalten. Nach zwei erfolglosen Vollkreisen lande ich wieder.«*

Kommunikation durch Zuhören

Piloten sind stolz, viele Informationen mit möglichst wenig Worten vermitteln und verstehen zu können. Jeder Pilot kennt Abkürzungen, Beschreibungen für Situationen. Für Anweisungen. *»Roger«* heißt *»Ich habe verstanden«*. *»Wilco«* bedeutet *»will comply«* (*»Ich werde die Anweisung ausführen«*). Kampfpiloten gehen da noch um einiges weiter. In einer *mission* funken nicht nur der Lotse und das Flugzeug auf einer Frequenz. Auch andere wollen lebenswichtige Informationen übermitteln. AWACS, Großtanker, Bodenverteidigungs-Stationen, Luftangriffs-Jets, Jagdbomber, usw. Es ist unglaublich viel los. Das führt dazu, dass Kampfpiloten neben den zivilen Abkürzungen zusätzliche (meist geheime) Codewörter verwenden. Der Funkverkehr unterliegt zu jeder Zeit einer strikten Hierarchie. Abhängig von Zeit und Bedrohung haben Teilnehmer an einer *mission* unterschiedliche Prioritäten. Bevor ein Aufklärungsflugzeug funken darf, muss es warten, bis AWACS fertig ist. Wenn ein Jagdbomber angegriffen wird, hat dieser sofort höchste Priorität. Wir nennen die Hierarchie die *comm cadence*. Sie ändert sich von *mission* zu *mission*. Und von Lage zu Lage. Wer sich nicht daran hält, spielt nicht lange mit!

Übertragung für Piloten

Die Fähigkeit, viele Information mit möglichst wenig Aufwand und Zeit sehr klar zu übermitteln, viel Wissen in wenige Worte zu fassen, bedeutet umgekehrt, dass man als Kampfpilot die meiste Zeit einfach nur zuhört. Meine Ohren sind im Jet meine zweiten Augen. Meist weiß ich bereits durch knappe Codewörter und Töne, ob ich in Gefahr bin oder nicht. Ob mein Zielanflug erfolgreich war. Ob meine Hilfe benötigt wird. Ich höre deshalb immer genau zu. Oder können Sie sich vorstellen, dass ein TORNADO-Pilot nicht mit allen Sinnen aufpasst? *Sharp listening* und knappes, effizientes Reden ist wichtig in Cockpits.

Wenn ich als Fluglehrer mit Hobbypiloten fliege, stelle ich an dieser Stelle deutliche Unterschiede fest. Zwar gehört die Funkberechtigung in englischer Sprache nicht zur

Voraussetzung einer Privatpilotenlizenz. Doch auch in Deutsch fällt es vielen schwer, sich kurz und prägnant über Funk auszudrücken. Oder durch Informationen, die von anderen Flugzeugen oder Bodenstationen reinkommen, sinnvolle Erkenntnisse zu gewinnen. Man muss nicht immer selbst reden/fragen, um an Wissen zu kommen. QNH, *runway in use*, Wetter usw. bekomme ich schon mit, wenn ich gut zuhöre. Effizient reden und zuhören ist Übungssache. Auch hier hilft *chairflying*.

Aufhören (Abort)

Ein weiterer Baustein der Simplifizierung. Wenn mir als untalentierter Hausbesitzer die Heizung kaputt geht oder ich bei Bauchschmerzen Verdacht auf eine Blinddarmentzündung hege. Ich brauche Hilfe! An gewissen Stellen stoßen wir alle an unsere Grenzen. Daher gilt es, rechtzeitig auszuloten, wo (eigene) Grenzen liegen. Und diese Grenzen dann nicht mehr aus dem Blick zu verlieren. Gerade Experten neigen dazu, sich gelegentlich zu überschätzen. Grenzen zu weit zu stecken. Zu stark an den Erfolg zu glauben, weil dieser bislang ja (fast) immer eingetreten war. Begriffe wie *Zielfixierung* und *Tunnelblick* kommen hier zum Vorschein.

Schauen wir mal wieder auf Piloten. Wie machen die das? Wie sichern sie sich den Blick fürs Wesentliche? Wie entscheiden sie, wenn etwas nicht allein fortgeführt werden kann? In der Fliegersprache nennt man den Moment des Aufhörens *abort*. Ein Start kann einen *abort* haben. Oder ein Zielangriff. Und sogar die Landung. Anders ausgedrückt: Analysieren Sie, wann Ihr persönlicher Zeitpunkt kommt, einen (anderen) Fachmann oder Fachfrau zu Rate zu ziehen. Wann sind Ihre persönlichen Grenzen erreicht? Durch scharfe Analyse und durch Erfahrung lernt man seine Grenzen kennen. Einen effektiven Stopp-Marker danach zu setzen ist meist viel problematischer.

Übertragung für Piloten

Ein Verkehrspilot fliegt von A nach B. Auf dem Weg prüft er oder sie in definierten Abständen, ob der Flug fortgeführt werden kann oder ob *aborted* werden muss. Reicht der Kraftstoff noch? Ist das Wetter am Landeplatz und unterwegs ausreichend? Funktionieren alle benötigten Systeme noch? Doch nicht nur im Reiseflug geschieht so eine Prüfung. Auch kurz vor der Landung. An einem festgelegten Punkt, wenige Sekunden vor dem (geplanten) Aufsetzen, muss man entscheiden, ob der Anflug fortgesetzt (Landung) oder abgebrochen wird (*Go-Around/Missed Approach*). Dieser Punkt heißt *decision height*. Ein abort kann wetterbedingte Gründe haben, wenn man die

Piste beispielsweise nicht sieht. Er kann aber auch durch die falsche Konfiguration des Flugzeuges oder Geschwindigkeit begründet sein. Ein *abort* kann viele Gründe haben. Im Briefing werden die *abort*-Kriterien und die Verfahren sowie Procedures (zum Beispiel aus der SOP) für regelmäßige und einmalige Prozesse vorgestellt, um Handlungsabläufe und Ausführungen einfacher, nachvollziehbarer und sicherer zu machen. Die stimmige *»What, if…?«* – Planung bereitet den Boden für diesen Verlauf. Nachvollziehbare Handlungsanweisungen für *aborts* müssen für quasi alle Prozesse vorliegen und bekannt sein. Egal, in welcher Form.

Später, während der Ausführung des Plans, an festgelegten Punkten, findet dann eine Prüfung statt, ob es weiter gehen kann oder nicht. Oder: Ob es so weitergeht oder besser anders! Immer mit dem jeweiligen *»What, if…?«* – Plan im RAM-Arbeitsspeicher. Piloten kennen die Stopp-Marker als *go/no-go points*. Simpel, aber höchst effektiv. Wo liegen Ihre *go/no-go points*? Haben Sie überhaupt welche? Nicht zu jeder Zeit muss eine no-go Entscheidung ja bedeuten, den Plan komplett aufzugeben. Es kann durchaus weiter gehen. Nur eben anders. Auf jeden Fall bedeutet der *no-go point*: Auf diese Weise nicht! Unabhängig von der Bezeichnung: Bei vielen Abläufen benötigen wir *go/no-go points*. Wir müssen diese gedanklich bereithalten und beachten. Sie sind unsere Sicherheitsnetze. Den Grundstein dafür legen wir im Briefing.

Tunnelblick entgehen

Wenn ich auf ein Bodenziel eindrehte, so blieben mir zwischen drei und sieben Sekunden, alles in den Griff zu bekommen. Das ist ein standardisiertes Zeitfenster der NATO. Im TORNADO flog ich sehr oft seitlich und äußerst tief an (30–50 Meter), um unerkannt zu bleiben. *Pop-Up* oder *element of surprise* nennen wir das plötzliche Hochziehen im Zielgebiet. Für einen kurzen Moment musste ich schräg aus der Deckung hochziehen, eventuell sogar unter feindlichem Abwehrfeuer, um die korrekte Fluglage für die gewünschte Waffenwirkung einzunehmen. Das bedeutet nichts anderes, als dass ich in wenigen Sekunden mein Flugzeug unter hoher körperlicher Beanspruchung manövrieren musste, so dass meine Waffen das Ziel erreichen konnten. Der Jet sollte auf jeden Fall immer mit vorher berechneter Geschwindigkeit, in geplanter Höhe, Richtung und Lage zur passenden Zeit an einem bestimmten Punkt im Raum sein. Gelände, Formation und Bedrohung durfte ich dabei nicht aus dem Auge verlieren. Und natürlich nicht vergessen, wichtige Schalter und Knöpfe auf *HOT* umzulegen, damit die Waffen wirklich punktgenau abfallen konnten.

Nicht selten geschehen an dieser Stelle dumme Fehler. Waffen fallen nicht ab. Die Formation verliert sich aus den Augen. Es kommt zu simulierten Abschuss durch Bodenstellungen. Chaos! Nicht, weil das Manöver so anspruchsvoll ist – natürlich ist es

Auch bei einem Formations-Start muss ich die Option »Abort« im Kopf behalten.

das. Doch dafür übt man es häufig! Nein. Die Fehler kommen vielmehr dadurch, weil ein Tunnelblick entsteht. Der Pilot zum Beispiel zu fokussiert auf die Geschwindigkeit ist, so dass der Flugweg zu weit links oder rechts verläuft. Die Waffe also in der Folge links oder rechts neben dem Ziel einschlägt. Oder weil er Luftverteidigungsstellungen außer Acht lässt. Man ist im Cockpit zu sehr bemüht, das richtige Abwurffenster zu treffen. Nach dem Flug kann man dann auf dem Datenrekorder erkennen, dass man während des *Pop-Up* Manövers abgeschossen wurde. Oder die Waffe das Ziel verfehlt hatte.

Glauben Sie mir, als Lehrer habe ich viele Fehlervarianten auf der Kamera des *Head-Up-Displays* gesehen. Auch auf meiner eigenen! Fast alle hatten den Grund im Tunnelblick. Nicht im Wissen, Können oder der Motivation. Fehler führten dazu, dass der Plan nicht so ausgeführt werden konnte, wie geplant und gebrieft. Teilweise fand durch eine winzige Unaufmerksamkeit in einem Bruchteil einer Sekunde ein kompletter Flug komplett sinnlos statt. Sehr Enttäuschend!

Kampfpiloten nennen das Tunnelblick-Phänomen *Target Fixation* – Zielfixierung! Deshalb, weil es fast immer zum Zeitpunkt des Zielangriffs vorkommt. Weil in diesem Moment meist die höchste Arbeits- und Stressbelastung im Cockpit herrscht. Man also durchaus geneigt ist, nicht mehr auf alles um einen herum zu achten. Der Ausdruck beschreibt die Gefahr, in einem einzigen Augenblick alles, was man vorbereitet und geplant hat, durch fehlende Konzentration auf relevante Parameter aufs Spiel zu setzen. Wichtige *SA* zu verlieren. Es hat Unfälle gegeben, bei denen der Pilot während seines Zielanfluges so intensiv auf den Angriff konzentriert war, dass er auf dem Boden aufschlug und das Flugzeug zerschellte. Man muss nicht im Zielanflug sein, um unter *Target Fixation* zu leiden. Es kann jeden treffen, der oder die eine hohe Arbeitsbelastung hat: Zivilpiloten (bei der Landung). Unternehmer (bei der Produktplanung/ Investition). Ärzte (bei einer OP). Feuerwehrleute (bei einer Rettungsmaßnahme).

Übertragung für Piloten

Fragen wir uns: Kann man sich denn vor *Target Fixation* schützen? Ein klares Jein! Ein hundertprozentiger Schutz existiert nicht. Es gibt aber Werkzeuge (*tools*), die einigermaßen Kontrolle verleihen. Ich muss mich für bestimmte Eventualitäten fragen:

- Was kann passieren? ***threat management***
- Wie stelle ich den Mangel fest? ***SA***
- Was ist meine Gegenmaßnahme? ***»What, if...?« – Plan***

Gerade die Frage, welche Anzeichen es geben könnte, dass ich in diesem oder jenem Augenblick unter *Target Fixation* leide, ist besonders heikel. Jeder reagiert anders. Verpasste Funksprüche können ein Anzeichen sein. Aber auch das *»Weglaufen«* einzelner Parameter wie Geschwindigkeit, Höhe, Steigrate im Flug.

Sie müssen individuell für sich wirksame Rückfragen entwickeln, die den Sinn und Verlauf Ihres Plans überprüfen. Gern an fest definierten Zeitpunkte. So wie Piloten es im Reiseflug tun. Beim Start. Und bei der Landung. Wenn Sie viele Teilnehmer bei der Ausführung erwarten, können Sie auch jemanden in Ihrem Team dafür designieren, der sich ausschließlich um die Anzeichen des Verlustes von *SA* kümmert. Individuelle Warnzeichen sind dann zu schwer zu finden. Man greift auf die zurück, die für die meisten gelten. Diese Position arbeitet dann im Vorfeld eng mit der Person zusammen, die sich um die *»What, if...?«*-Planung Gedanken macht. Beide sorgen dafür, dass der gesamte Plan B funktioniert. Denn was nutzt mir ein klasse Alternativplan, wenn ich den richtigen Moment verpasse, ihn ins Spiel zu bringen?

Personalisieren

Ohne Interesse meiner Formationsmitglieder am gemeinsamen Erfolg hätte ich keine Chance gehabt, *missions* erfolgreich zu beenden. Eine wichtige Frage für den *leader* ist also: Wie bringt man Menschen dazu, sich einzusetzen, sich zu engagieren, die extra Meile zu gehen? Schnelle Antwort: Durch persönliche Identifikation mit dem Erfolg. Ein Kopilot wird wenig Motivation für den Flug aufbringen, wenn er oder sie das Gefühl vom Kapitän bekommt, dass dort, wo er oder sie sitzt, eigentlich der Platz für die Kapitänsmütze ist. Aus nachvollziehbaren Gründen kommt man sich in diesem Fall unerwünscht vor. Ein Kapitän, männlich oder weiblich, der Kopiloten honoriert, ernst nimmt, Entscheidungen auch selbst treffen lässt, mit Respekt behandelt, wird eher eine Identifikation mit Flug erreichen. Wenn Sie ein Team führen, das wenig Engagement zeigt, dann versuchen Sie mal, Mitgliedern mehr Verantwortung zu übertragen. Wir wollten doch kreativ sein. Warum vergeben Sie also nicht mal Bezeichnungen für Tätigkeiten? Aus einem Kraftfahrer wird der *Frachtkommandant*. Programmierer sind *IT-Experts*. Und verknüpfen Sie Projektziele fest mit persönlichen Zielen. Bei Erreichen eines (Projekt)-Ziels darf der IT-Expert eine Woche lang festlegen, welche Häppchen/Plätzchen auf dem Tisch im Meeting-Raum stehen (persönliches Ziel). Oder vergeben Sie wichtig klingende Redezeiten in Ihren Briefings. Damit verbunden ist für viele eine Aufwertung der Persönlichkeit. Heben Sie den Redenden also als Experten hervor. Aber übertreiben Sie es nicht. Lächerlich kann man sich hierbei nämlich auch machen. Es gibt viele Möglichkeiten zur Motivation. Fast alle sind direkt an der persönlichen Verbundenheit mit dem Erfolg verbunden.

Übertragung für Piloten

Wenn Sie gelegentlich mit der Familie oder Freunden in Ihrem oder dem Charter-Flugzeug unterwegs sind, so können Sie Mitreisende animieren, etwas für den gemeinsamen Erfolg zu tun (sicher von A nach B zu fliegen), in dem Sie eine persönliche Identifikation mit dem Ziel vermitteln. Bedeutet: Aus Ihrer Frau (oder Ihrem Mann) wird die/der *Handling-Chef/-in*. Strikt verantwortlich fürs Packen, Verstauen und Deklarieren von Gepäck. Vergessen Sie dabei nicht, Gepäckgrenzen vorzugeben. Ihr Kumpel könnte *Master of the Fuel* werden, wenn Sie ihm zeigen, was er beim Tanken beachten muss. Lassen Sie ihn sogar bezahlen. Von mir aus mit Ihrem Geld. Kinder werden *DJ*, *Proviantmeister* oder *Entertainment Officer*. Übertragen Sie interessante Aufgaben und Verantwortung. Dann fällt es Teilnehmern leichter, sich ins Team gewinnbringend einzubringen. Wenn Sie dann noch mit einer interessanten Checkliste oder *SOP* um die Ecke kommen, haben Sie mit Sicherheit alle auf Ihrer Seite.

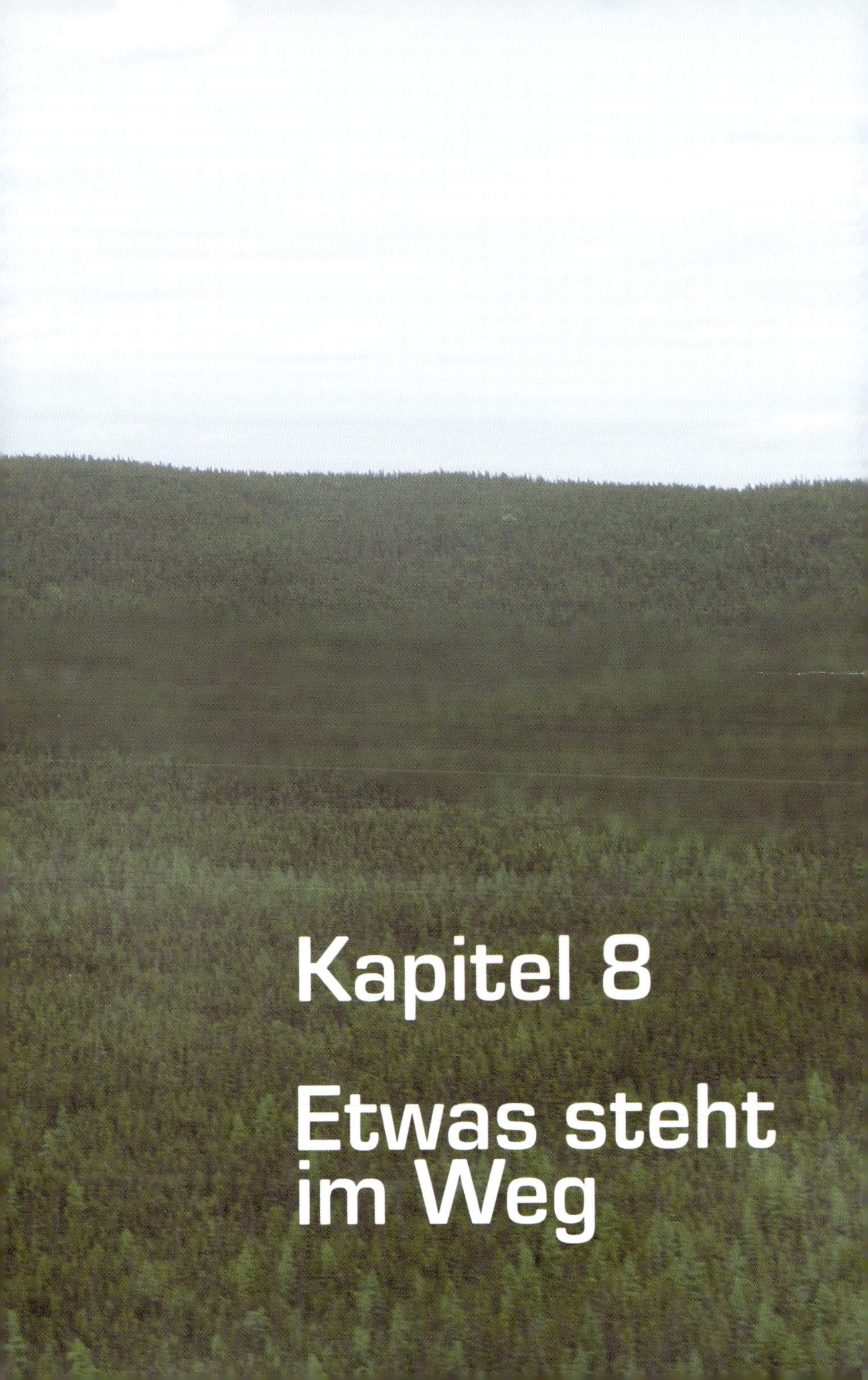

Kapitel 8

Etwas steht im Weg

Als Kampfpilot strebt man zu jeder Zeit danach, in einer fehlerfreien Welt zu leben. Fehler bedeuten Lebensgefahr. Persönliche Einstellung, Kultur, Struktur des Briefings. *»What, if…?«*-Philosophie. Alles ist darauf ausgerichtet, möglichst viele Fehler auf Planungs- und Briefing-Ebene zu erkennen und zu eliminieren, damit es nicht zu Unfällen beziehungsweise Zwischenfällen kommt. Und doch passieren auch in Hochleistungscockpits Fehler. Die Antwort dafür ist einfach und komplex gleichermaßen. Weil wir eben nur Menschen sind. Niemand ist unfehlbar. Eine einfache und schnelle Antwort. Doch auch eine hoch dynamische Angelegenheit, die erstmal kontrolliert werden will. Anstatt hilflos die Hände in die Luft zu reißen und sich mit Fehlern abzufinden, besitzen Kampfpiloten die Einstellung, positiv mit Fehlern umzugehen. So wie wir Veränderungen begrüßen, so nehmen wir auch Fehler willkommen hin, solange sie keinen folgenschweren Ausgang mit sich bringen. Aus Fehlern lernen wir. Für das Hier und Jetzt. Für die Zukunft. Für uns. Für andere. Piloten wissen, dass *Standard Operating Procedures* an vielen Stellen mit Blut geschrieben sind. Jemand anderes hatte schon einmal so etwas erlebt, diesen einen Fehler einmal gemacht. So fand dieser Punkt seinen Weg in die *SOP. Standard Operating Procedures* sind nichts anderes, als eine Sammlung von eingetretenen Fehlern – inklusive einer gangbaren Lösung.

Flugunfälle passieren nicht, weil *SOPs* schlecht sind. Oder Piloten ihren Job nicht verstehen. Schlecht ausgebildet sind. Oder weil sie nicht ausreichend motiviert sind. Müde. Krank. Nein. Eine große Zahl der Unfälle und Zwischenfälle kommen deshalb zu Stande, weil Crews überlastet beziehungsweise überfordert sind. Ich verwende diese beiden Begriffe mit Absicht. *Überforderung* und *Überlastung*. Denn diese Begriffe kennen wir alle. Sie haben direkt etwas mit unserer persönlichen Leistungsgrenze zu tun. Treten wir über die Grenze, fühlen wir uns überfordert beziehungsweise überlastet. Kampfpiloten nennen die Überschreitung der Grenze etwas anders. Denn Überforderung klingt zu negativ und frustrierend. Ganz ignorieren kann man diese Sache aber nicht, denn dieses Phänomen tritt regelmäßig auf. Daher verwenden wir den Ausdruck *Task Saturation*. Er beschreibt den Moment, in dem uns Dinge unkontrolliert über den Kopf wachsen. Behalten wir folgende nicht unbedingt sehr mathematische Formel im Kopf:

TASK SATURATION RAUF = SA RUNTER

Jeder von uns kennt *Task Saturation.* Eben noch war alles ok. Wir hatten die Sache voll im Griff. Und auf einmal. Peng! Etwas Unvorhergesehenes ist geschehen. Wir kommen nicht mehr mit unseren Aufgaben hinterher. Dieses Gefühl kennen Piloten und Ärzte. Banker und Programmierer. Manager und Rechtsanwälte. Wenn ich in *Crew Ressource Management*-Seminaren Piloten mit unterschiedlichem Background Videos von Flugunfällen zeige, dann haben junge und erfahrene, weibliche und männliche Piloten, eine einzige Reaktion gemeinsam: Sie erkennen schnell, dass gleich etwas passieren wird. Indikatoren sind eben sehr offensichtlich. Warum aber hat die Crew beim Unfall die Missstände und die Probleme nicht bemerkt? Wenn sie doch so offensichtlich waren? Wie konnte es überhaupt zu dem dramatischen Flugverlauf kommen? Die Antwort lautet: Weil die Crew *task saturated* war. Später, ich verwende gern den Ausdruck bei *Groundspeed Zero*, erkennt man vieles klarer. Erkennt Probleme rechtzeitig. Das kommt daher, weil man nicht in der Dynamik der Situation drin steckt. Nicht mit identischen Eindrücken und Stress konfrontiert wird, so wie es die Unfall-Crew war. Würde die verunfallte Crew im Anschluss im Seminar sitzen können, würde auch sie mit Sicherheit Fehler und Probleme rechtzeitig erkennen. Zum Zeitpunkt des Unfalls aber konnte sie das nicht.

Task Saturation ist immer ein stiller Killer. Niemand ist davor sicher. Nirgendwo. Und doch kann man sich darauf vorbereiten. Bei *Task Saturation* lassen sowohl mentale als auch physische Leistungen nach. Es gibt unglaublich viele Flugunfälle, bei denen die Piloten relaxed und entspannt das Flugzeug einfach so in den Boden hinein flogen. Eben darum, weil sie nicht erkannten, dass sie *task saturated* waren. Genau das ist das Problem. Das Bewusstwerden bei *Task Saturation*. Wenn man nämlich erst einmal drin steckt tut man sich sehr schwer zu erkennen, dass man tatsächlich *task saturated* ist. Dann macht man Fehler. Schwerwiegende Fehler. Möglicherweise bis hin zu einem Unfall.

Symptome

Anstelle sich zu fragen, ob man gerade *task saturated* ist oder nicht sollten wir besser fragen, ob das, was wir in diesem Augenblick tun oder ob das, was gerade geschieht, dazu führen wird, dass *task saturation* entsteht. Wenn wir so vorgehen blicken wir auf die Anzeichen für *task saturation*. Auf die Symptome. Nicht auf das Phänomen an sich. Das ist viel leichter und effektiver. Ein Beispiel aus der Fliegerei. Einer meiner TORNADO-Kollegen schulte nach seiner Pensionierung auf einen kleinen Business-Jet um. Den Lear Jet 60. Er hatte zum Zeitpunkt etwa ein Jahr Erfahrung hierauf gesammelt. Saß als Copilot noch auf dem rechten Sitz. So geschah es, dass er eines Tages mit ausgeschalteten Triebwerken auf dem Vorfeld des Moskauer Flughafens Vnukovo stand und auf Passagiere wartete. Die Tür war geschlossen, es war bitterkalt. Gut minus 20 Grad! Der Lear Jet 60 verfügt nicht über eine Heizung beziehungsweise Klimaanlage wenn die Triebwerke nicht laufen. Im Inneren war es also auch recht kalt und unangenehm. Der Kapitän und mein früherer Staffelkamerad hielten sich im Cockpit auf und kämpften mit der Kälte, während die einzige Flugbegleiterin im hinteren Teil des kleinen Fliegers die Schubladen und Kühlbox belud. Unter anderem verstaute sie zwei Kilogramm gerade geliefertes Trockeneis. Sie hatte es extra beim Handling-Agenten bestellt. Ohne jedoch der Cockpit-Crew davon zu berichten. Die Passagiere sollten schon bald eintreffen und dann sofort eiskalten Champagner serviert bekommen. Trockeneis hat die unangenehme Eigenschaft, Sauerstoff aus der Luft zu verdrängen. Wir wollen nicht zu technisch werden. Es genügt, wenn ich sage, dass durch das Trockeneis zu wenig Sauerstoff zum Atmen in der engen Kabine zur

Verfügung stand. Ohne ein Öffnen der Tür wäre die Crew sicher gestorben. Wie von der Tarantel gestochen sprang der Copilot plötzlich auf, rannte zur Tür und riss diese auf. Innerhalb von Sekunden war der Sauerstoffmangel kein Thema mehr. Der Kapitän und die Stewardess schauten den Ex-TORNADO-Piloten fragend an: *»Was soll das?«* Beide hatten den Sauerstoffmangel gar nicht erst bemerkt. Das gefährliche an Sauerstoffmangel ist nämlich, dass der Körper in eine Art Happy-Modus verfällt. Wohlige Wärme und Euphorie machen sich generell breit. Dazu empfindet man weitere individuelle Symptome. Auf Warnsignale reagiert man aber nur schwer, wenn man sie nicht kennt. Und Wärme und Wohlbefinden in einem Flugzeug in eisiger Kälte ist sicher kein Grund, panisch zu werden. Der Copilot erkannte seine persönlichen Warnzeichen für Sauerstoffmangel, die bei jedem anders sein können sind. Er war während seiner Kampfpilot-Karriere häufig in einer Druckkammer gewesen, in der trainiert wird, individuelle Symptome bei Sauerstoffmangel frühzeitig wahrzunehmen. In einem Kampfflugzeug trägt man zwar eine Sauerstoffmaske. Es kann aber passieren, dass die Sauerstoffversorgung gestört wird. Dann atmet man normale Umgebungsluft aus dem Cockpit. Und das sorgt in großer Höhe sofort zu Sauerstoffmangel. Was wiederrum automatisch zum Verlust des Bewusstseins führt. Das Militär hat aus diesem Grund großes Interesse daran, dass Piloten subjektive Symptome erkennen. Niemals hätte der Copilot in diesem Augenblick mit Sauerstoffmangel gerechnet. Doch nicht in einem Business-Jet, noch dazu stehend am Boden. Und doch hat sein Training dazu geführt, dass er beim Wahrnehmen der Mangel-Symptome automatisch handelte. Er sprang auf und öffnete die Türe. Und rettete nur dadurch Anwesenden das Leben. Man kann sagen, bei Kapitän und Flugbegleiterin lag *task saturation* vor. Eine *SA* über das Problem war nicht vorhanden.

Ein Lear Jet ähnlich dem aus o.g. Beispiel.

Problemlos können wir das Beispiel übertragen. Zweifelsfrei wird jeder von sich behaupten, auch schon mal *task saturated* gewesen zu sein. Kennen Sie aber auch Ihre persönlichen Symptome von *task saturation*? Sie sagen *Stress*? Nun, Stress ist sicherlich eine Folge vom Verlust. Damit ist er aber nicht unweigerlich ein Symptom. Sind wir nicht bereits zu sehr *task saturated*, wenn wir Stress empfinden? Ich weiß, das ist von Mensch zu Mensch und von Situation zu Situation verschieden. Somit ist Stress leider kein verlässlicher Indikator. Piloten wünschen sich aus Spaß eine rote Lampe im Cockpit mit der Aufschrift *»SA«*! Blinkt sie, herrscht *task saturation*! Das wäre eine klasse Erfindung. Noch ist die Wissenschaft aber nicht so weit, (möglicherweise) anhand von Blutwerten, Puls und Pupillenstellung eindeutig *task saturation* festzustellen. Suchen wir also nach eindeutigen Warnsignalen, die darüber Auskunft geben, ob *task saturation* unmittelbar bevor steht.

Abschalten

Manche Menschen stellen die Arbeit ein, wenn zu viele Dinge auf einmal erledigt werden müssen. Wenn *task saturation* entsteht. Sie schalten innerlich ab. Spielen ein Computerspiel. Blättern im Smartphone. Blicken geradeaus auf den Bildschirm oder aus dem Fenster. Andere wiederrum verlassen tatsächlich physisch den Arbeitsplatz. Treiben Sport. Telefonieren auf dem Gang oder gehen eine Rauchen. Wenn solche Flucht-Reaktionen über einen längeren Zeitraum oder häufiger auftreten, kann man der Person nur raten, mit dem Chef zu sprechen und/oder zum Arzt zu gehen. Eine längere Überforderung führt zu anhaltender Leistungsreduktion. Kommt so was aber nur mal ab und zu mal vor, dann klopft *task saturation* vielleicht gerade an die Türe. Jemanden deswegen nach Hause zu schicken, wäre unangebracht. Natürlich führt auch kurzzeitige *task saturation* zu Leistungsreduktion. Vielleicht sogar zu Unfällen. Doch wenn das *Abschalten* nur selten auftritt, heißt die Lösung, wenn man merkt, dass man gerade keine Lust mehr auf die hohe Arbeitsbelastung hat: Leistungsanforderung verringern. Verantwortung übertragen. Zeit gewinnen. Und schon stellt sich *SA* wieder ein.

Übertragung für Piloten

Piloten kennen Zeiten der plötzlichen Überforderung. Sind in der Tat mit *task saturation* vertraut. Daher legen Airlines vorsorglich für die Gefahr des *Abschaltens* eines Piloten in den *SOPs* fest, dass der *Pilot Flying* den *Pilot Monitoring* darum bitten soll, den Autopiloten aufzuschalten, sollte dieser nicht sowieso gerade das Flugzeug steuern. Oder kurzfristig einige Aufgaben des *Pilot Flying* zu übernehmen. Mitunter sogar die Kontrolle über das Flugzeug. Solche Richtlinien in der *SOP* implizieren jedoch die Tatsache, dass Piloten in der Lage sind zu erkennen, dass *task saturation* eintritt. Eine Checkliste herauszugeben für die Erkennung wäre sinnlos, da Symptome zu individuell sind. Es muss im Cockpit alles getan werden, damit mentale Überforderung sich nicht ausbreitet. Ich empfehle Airline-Piloten in meinen CRM-Seminaren, bei spürbarem Unwohlsein, Stress oder kleinen Fehlern dem anderen Piloten den Ausdruck *»warte mal kurz«* oder *»hold on a minute«* mitzuteilen. Das bewirkt bereits viel. Diese Worte führen häufig schon dazu, dass sich die Situation beruhigt und Dinge wieder klarer werden. Die Gefahr von *task saturation* sich verringert.

Aufteilen

Neben dem *Abschalten* kenne ich ein weiteres Symptom für *task saturation*. Einige Menschen beginnen, Aufgaben in bestimmte Bereiche aufzuteilen. Sie konzentrieren sich erst auf die eine Tätigkeit – dann auf die andere. Das lässt außer Acht, dass gewisse Dinge – die kritischen Komponenten zum Beispiel – zu keiner Zeit außer Acht gelassen werden dürfen. *Aufteilen* ist ein gefährliches Anzeichen für aufziehende *task saturation*.

Grund dieses intuitiven Verhaltens ist, dass wir bei *task saturation* nicht ausreichend mentale Kapazität zur Verfügung haben. Wir möchten uns erstmal mit kleineren Problembereichen befassen. Mit Angelegenheiten, die wir aufgrund geringer Komplexität schneller in den Griff bekommen. Im engen Formationsflug könnte ich beispielsweise dazu neigen, mich bei Schwierigkeiten des Haltens der Position nur noch darauf konzentriere, meinen *formation leader* nicht aus dem Auge zu verlieren. Dabei jedoch Funksprüche und Anweisung überhöre. Oder dem Formationsführer blind in gesperrte Lufträume folge. In einem feindlichen Gebiet könnte ich Bodenverteidigungsstellungen und feindliche Flugzeuge übersehen. Und mich und mein Flugzeug damit in große Gefahr bringen.

Übertragung für Piloten

Eine plötzliche Vereisung am Tragflächenansatz kann dazu verleiten, ab sofort nur noch auf die Vereisung zu achten. Bloß keine Vereisung! Bloß kein Eis im Triebwerk. Das führt vielleicht zu Motorausfall. Nicht in meiner gecharterten Ein-Mot! Dass Piloten in einem solchen Moment schnurstracks in eine Kontrollzone einfliegen, fällt ihnen nicht auf! Sie haben ihre Aufmerksamkeit eben aufgeteilt. Erst das eine – dann das andere! Man muss als Pilot immer versuchen, sich zu jeder Zeit darüber bewusst zu werden, dass man nicht mehr alle Aufgaben erfüllen kann. Um daraus ableiten zu können, dass *task saturation* eintritt.

Es ist nicht leicht, zwischen unerwünschtem *Aufteilen* und erwünschtem *Fokussieren* zu unterscheiden. Letzteres ist absichtliches Bereithalten von auftragsrelevanten

Hier sollte besser keine »task saturation« entstehen.

Planinhalten in unserem Arbeitsspeicher. Ein Alarmzeichen, dass man aufteilt und nicht fokussiert, kann die innere Stimme sein, die subtil sagt: *»Hey, mach mal ein bisschen langsamer!«* In diesem Fall versucht unser Gehirn, sich mit weniger Dingen zu beschäftigen, weil alles zusammen einfach zu viel wird. *Aufteilen* ist ein passives Ereignis, wo hingegen *Fokussieren* aktiv gesteuert wird. *»Ich mach jetzt mal ein bisschen langsamer!«* würde in diesem Fall die innere Stimme beschreiben.

Kanalisieren

Die extreme Ausprägung von *Abschalten* ist das *Kanalisieren*. Wenn der Pilot, der sich auf einmal in Vereisungsbedingungen wiederfindet, nicht nur missachten würde, dass er gerade in eine Kontrollzone einfliegt, sonders zudem noch vergessen würde, das Flugzeug zu steuern, dann nennen wir dies *Kanalisieren*. Zu Gunsten einer einzigen Sache wirft man *kritische Komponenten* bei Seite. Bei einem Motorausfall schaut man nur noch auf die Motorinstrumente, nimmt den Sinkflug in Richtung Boden gar nicht wahr. Bis man irgendwann aufschlägt. Bei einem Problem mit dem Fahrwerk kümmert man sich nur noch um die Checkliste. Man will unbedingt das Fahrwerk ausfahren. Übersieht dabei aber vollkommen, dass man eigentlich schon gelandet sein müsste, weil der Sprit unter dem Minimum ist. Bis das Triebwerk wegen Kraftstoffmangel ausfällt.

Übertragung für Piloten

Wenn wir feststellen, dass wir *kanalisieren*, kann man als Pilot eigentlich nur eins machen: Sich auf die gerade relevante *kritische Komponente* konzentrieren und alles andere zur Seite legen. Meist ist die *kritische Komponente* ohnehin das eigentliche Steuern des Flugzeuges.

AVIATE – NAVIGATE – COMMUNICATE
(Flugzeug steuern – Navigieren – Kommunizieren)

Diesen festen Grundsatz kennt jeder lizensierte Flieger. Er ist nichts anderes, als ein *tool*, aus der *Kanalisierung* so schnell wie möglich herauszukommen. Der *task saturation* zu entfliehen. Schalten Sie den Autopiloten ein. Selbst der schlechteste Basis-Mode hält das Flugzeug irgendwie in Höhe und Richtung. Und übernimmt die Aufgabe, das Flugzeug zu steuern. Oder fragen Sie *Air Traffic Control* nach einem *Heading* oder *Vector*, wenn Sie partout nicht den Wegpunkt im GPS finden. In beiden Fällen erhalten Sie sofort mehr Platz im RAM-Speicher! Auch anderswo wird es Ihnen gelingen, anhand dieses dann möglicherweise angepassten Grundsatzes aus einer kritischen Situation zu entkommen.

How to do it

Jeder besitzt eine andere Schwelle (*threshold*), bei der *SA* verloren geht. Man könnte andersrum sagen, unterschiedliche Menschen können unterschiedlich viel ertragen. Zu beurteilen, dass automatisch andere *task saturated* sind, nur weil ich selbst Anzeichen bei mir feststelle, wäre falsch. Kritisch und aufmerksam in die Runde zu schauen dagegen sehr empfehlenswert. In der Hauptsache kommt es darauf an zu erkennen, wann der Zeitpunkt der eigenen Überforderung (*task saturation*) gekommen ist. Typische (wiederkehrende) Anzeichen und Symptome zu spüren ist leichter, als *task saturation* per se zu bemerken. Persönliche Anzeichen liegen nämlich immer irgendwo im Bereich der drei Basissymptome, die wir eben besprochen haben. Jedoch in unterschiedlicher Dimension. Ich weiß zum Beispiel, dass ich dazu neige, kleine Fehler zu übergehen oder nicht im Zusammenhang zu sehen, wenn ich dabei bin, *task saturated* zu werden. Ohne *task saturation* gehe ich auf solche Fehler ein. Notiere sie mir und erkenne sehrwohl einen Zusammenhang. Mit *task saturation* sagt mir leider eine innere Stimme *»...ach, ist doch egal. Kann doch mal passieren. Bist heut eben nicht so gut drauf!«*. Wenn ich diese kleine gemeine Stimme höre sage ich mir sofort: *»Achtung – Gefahr!«* Ich mache dann ein wenig langsamer. Delegiere Aufgaben beziehungsweise Verantwortungen und achte genau auf mein Tun. Und schon bekomme ich *task saturation* in den Griff.

In Kampfpiloten-Briefings wird *task saturation* als feste Größe akzeptiert. Bei jedem wird irgendwann während eines Fluges task saturation eintreten. Das ist bei der Geschwindigkeit und Komplexität aller Aufgaben quasi unvermeidbar. Deshalb wird für Aufgaben und Manöver, die eng im Zusammenhang mit *kritischen Komponenten* stehen, bereits im Briefing festgelegt, was getan werden kann und soll, wenn *task saturation* eintritt. Wie man wieder aus der Gefahr herauskommt. Dabei wird als gegeben hingenommen, dass Kampfpiloten ihre individuellen Symptome kennen und bei Wahrnehmung korrigierend handeln. Das heißt, dem Plan für *Loss of SA* folgen. Bleibt beispielsweise ein Flugzeug während eines Zielanfluges absichtlich höher als geplant, so verstehen andere darunter: Der Pilot hat seine *SA* verloren. Es wird *task saturation* vorliegen. Die NATO verwendet Codewörter, die nichts anderes zum Ausdruck bringen als verschiedene Stufen von *task saturation.* Wir erinnern uns an die Notwendigkeit der kurzen und prägnanten Kommunikation? Ein Wort genügt hier. Man hört es und man hilft sofort. Damit bei dem betroffenen Piloten so schnell wie möglich wieder *SA* entsteht. Andernfalls ist sein Leben in Gefahr. Das kann dann beispielsweise eine zusätzliche Mitteilung von wichtigen Informationen bedeuten. Oder eine spontane Anweisung. Diese geschieht solange, bis *task saturation* verschwunden ist. Haben auch Sie schon mal über ein Codewort für den Verlust Ihrer *SA* nachgedacht?

Kapitel 9

Hindernisse hinter sich lassen

Jeder hat schon man einen Notfall erlebt. Eine Ausnahmesituation. Meine sehen ungefähr so aus: Gerade eben noch mit 5g in einer spiralförmigen Rechtskurve. Schmerzverzerrt geht mein Blick über meine Schulter nach hinten rechts, um meinen Übungsgegner nicht aus den Augen zu verlieren. Es kracht und knallt. Rauch entwickelt sich im Cockpit. Eine *rapid decompression* hat soeben stattgefunden. Plötzlicher Druckabfall in der engen Kabine. Nicht ungewöhnlich, dass es durch die abrupte Anreicherung der Luft kurzzeitig rauchig wird. Ich nehme automatisch meine linke Hand vom Schubhebel und greife an den Schleudersitz. Nein, ich will nicht meinen WSO und mich aus dem TORNADO katapultieren. Ich taste vielmehr blind nach dem Schalter für die Sauerstoff-Notversorgung. Zisch! 100% Sauerstoff mit Überdruck eingeschaltet. Der Rauch legt sich ein bisschen. Ich funke *»terminate«*, die Anweisung für meinen Gegner, den Übungsangriff sofort zu beenden. Mein Blick geht nach unten rechts. Zu den Triebwerksinstrumenten. Mist! Linke Drehzahlanzeige läuft langsam rückwärts. Der Knall war offensichtlich ein *stall* des Jetantriebs. Es hat sich sicher aufgrund des hohen Anstellwinkels im Abwehrmanöver beim Luftholen verschluckt. Kommt mal vor. Die automatische Zündungsvorrichtung sorgt in der Regel dafür, dass sich das Triebwerk schnell wieder fängt und hochläuft. Heute nicht! Es geht tatsächlich aus. 38% - 32% - 27%. Immer weniger Drehzahl. Ohnehin sind die Instrumente schwer zu erkennen, der Rauch legt sich irgendwie doch nicht wirklich. Woher kommt das? Der kann doch nichts mit dem Verschlucken des Triebwerks zu tun haben? Oder doch? Ich muss handeln. Sonst wird es vielleicht noch schlimmer. Intuitiv lege ich den Jet auf den Rücken. Ziehe ihn in die dünne Wolkendecke unter mir bei rund 11.000 Fuß. Bei 8.500 Fuß MSL breche ich wieder daraus hervor. Mit einem Manöver, dass man in der Fachsprache *Split S* nennt, bringe ich den TORNADO auf den kurzen Endanflug der heute geschlossenen Landebahn Hopsten. Dieser Platz lag damals genau unter mir. Früher waren dort F-4F Phantom der Luftwaffe stationiert. Mein WSO sagt noch immer nichts. Ich sage auch nichts. Uns beiden drückt die Notsauerstoff-Versorgung auch den Atem weg. Mit einem Handgriff habe ich den Transponder auf Notlage gestellt. *Squawk 7700.* Alle um mich herum wissen: Der Kerl hat ein Problem! Der TORNADO, der eben noch mit mehreren g´s versucht hatte, sich hinter mich zu manövrieren, ist natürlich verschwunden. Er war über der dünnen Wolkenschicht geblieben. Was die Crew darin wohl gerade denkt? Egal. Klappen raus – Fahrwerk raus. Landelichter an. Keine drei Minuten später komme ich auf der Runway in Hopsten bereits zum Stehen. Öffne schnell am Ende der Landebahn die Kabinenhaube. Der Rauch ist sofort verschwunden. Ziemlich verwundert fragt mich der Kontrollturm über Funk, wo ich denn gerade herkomme? Er hatte nur meinen Transponder Code 7700 auf seinem Bildschirm gesehen. So was blinkt fett auf. Die Erklärung gebe ich ihm aber erst nach dem Ausstellen des übrig gebliebenen Triebwerks. Die Ausnahmesituation und Notlage ist gut ausgegangen.

So schnell kann es passieren. In einem Moment noch im Luftkampf – ganz woanders mit den Gedanken – im nächsten Augenblick mit nur einem Triebwerk im Anflug auf einen fremden Flugplatz. Wie ich schon sagte: Jeder hat seine Art Notfälle. Sie sehen eben nur anders aus. Die beschriebe Situation habe ich tatsächlich erlebt.

Wie sehen denn Ihre Notfälle aus? Reagieren auch Sie souverän und automatisch, wenn etwas nicht so läuft, wie Sie es sich vorstellen? Wie es eigentlich geplant war? Perfekt ausgeklügelte Pläne funktionieren gelegentlich nicht so wie erhofft. Die Teamstimmung ist dann plötzlich miserabel und Probleme kommen von allen Seiten. Und dann? *Task saturation* steht vor der Tür! Als Pilot wird es in Notfällen auch schon mal lebensgefährlich. Das ist der Grund, warum ich immer nach unkomplizierten Lösungen suche. Nach simplen Auswegen aus einem Chaos. Denn wenn erstmal der Kittel brennt, muss die Lösung, die Idee, die Handlung, einfach und unmissverständlich sein. Sonst haben Maßnahmen keinen Erfolg! Schauen wir mal auf solche einfachen und unmissverständlichen Maßnahmen.

Checklisten

Definitiv ein simpler Weg, mit Problemen standardisiert umzugehen. In kritischen Situationen geben Checklisten Orientierung und Halt. Stellen einen Wegweiser beziehungsweise Ausweg aus dar. Raus dem Chaos. Weg von *task saturation*. Hin zu Kontrolle und *SA*.

Auf dem Knie ist die Checkliste und das Missionsheet erkennbar.

Ich war gerade bei *ENJJPT* in *Sheppard Air Force Base* in Texas zu meiner Pilotenausbildung angekommen. Da erhielt ich einen gut ein Meter hohen Stapel Ordner und Bücher auf meinem Tisch. *»Wenn Sie das nicht bei den ersten Flügen drauf haben, können Sie gleich wieder heim fahren«*, waren die netten Willkommensworte meines neuen Chefs. Einem älteren Oberstleutnant und STARFIGHTER-Piloten. Na super! Das waren mehr als 10.000 Seiten! Zum Lesen und Lernen aller Seiten hatte ich keine Zeit. Unmöglich. Unmöglich? Das gibt´s nicht. Nicht für Kampfpiloten. Ich machte mich also an die Sache ran. Man hatte uns nicht gesagt, welche Seiten extrem wichtig und welche nur ein bisschen wichtig waren. Das genau war der Trick, mit dem man versuchte, Druck aufzubauen. Uns in panischen Stress zu versetzen. 20 bis 25% der Flugschüler scheiterten damals an dieser Aufgabe. An dem Setzen von eindeutigen Prioritäten!
Die Bibel eines Flugschülers ist das *Technische Handbuch* des Flugzeugs. Das *Airplane Flight Manual (AFM)*, militärisch auch *Dash-One* bezeichnet. Darauf konzentrierte ich mich erstmal am meisten. In allen *AFM* finden sich Tabellen, Daten, Graphen, Karten, Limits, technische Erklärungen, Formeln. Und: Checklisten! Sie sind es, die jedes Flugzeug hat und die eine einfache und effektive Schnittstelle zwischen Mensch und Maschine darstellen. Ich las mir die rund 700 Seiten starke *Dash-One* der T-37 Tweet sehr aufmerksam durch. Dennoch konnte ich mir nicht alle Daten merken. Die Schulflüge waren hart, der Leistungsdruck enorm hoch. Und doch schaffte ich es. Und die meisten meiner Kameraden. Auch vor und nach meiner Zeit in *ENJJPT* »überlebten« die meisten Flugschüler die Jetpiloten-Ausbildung. Ich nenne Ihnen einen Grund: Weil man bei *ENJJPT* lernt, dass man das Wissen, was man sich aneignen muss, zwar nicht komplett im Kopf behalten kann. Wohl aber darauf zurückgreifen kann, wenn man (unter anderem) vorhandene Checklisten versteht und korrekt verwendet. Checklisten verhindern, dass man Dinge in falscher Reihenfolge oder zur unpassenden Zeit tut. Oder sogar gar nicht macht. *Checklist Compliance* ist eine wichtige Sache in der Fliegerei. Der Ausdruck steht dafür, sich konsequent an bereitgestellte Vorgaben zu halten, die als Guideline für unterschiedliche Cockpitabläufe entworfen wurden.

Eine Checkliste ist nichts anderes als eine Destillation des Wissens aus vielen Unterlagen und Büchern. Aus Erfahrungen und Fehlern. Checklisten sind immer gut strukturiert und leicht anzuwenden. Beinhalten aber nur das Nötigste. Machen keine weiterführenden Erklärungen. Denn das Hintergrundwissen muss im Kopf sein. Man entnimmt es den Handbüchern und Anweisungen. Den *SOPs*. Checklisten werden aufs Härteste getestet. Daher funktionieren sie. Immer und immer wieder. Es gibt sie für normale Abläufe (*normal procedures*). Für außergewöhnliche Abläufe (*non-normal procedures*). Und für Notfälle (*emergency procedures*). In letzteren finde sich auch die *memory items* beziehunsgweise *Bold Faces* wieder. Wenn man in einer Checkliste einen Fehler entdeckt, meldet man es. Man dreht an der Optimierungsschraube und entwickelt die Checkliste weiter. Aus Version 2.1 wird bei der nächsten Herausgabe Revision 2.2. Und dann vielleicht Revision 2.2.1. Oder Checklist 2.3. Checklisten sind jederzeit lebendig. Schauen wir zum besseren Verständnis genauer auf dieses feine Werkzeug.

Normal Procedures

In der Regel ist jede Checkliste gleich aufgebaut. Im ersten Teil befinden sich Anweisungen für normale, stets wieder kehrende, Abläufe im Cockpit.

- Welche Systeme müssen nach dem Betreten des Cockpits eingeschaltet und überprüft werden?
- Wie startet man die Motoren?
- Was muss nach dem Triebwerkstart gecheckt werden?
- Welche Schalter legt man um vor beziehungsweise nach dem Start?
- Wie stellt man Systeme und Triebwerke aus, nachdem man gelandet ist?

Bei diesen Vorgängen gibt es keinen Zeitdruck und es wird grundsätzlich angenommen, dass alle Systeme normal funktionieren. Daher der Ausdruck *normal procedures*. Je nach Flugzeug sind diese Checklisten mal länger oder mal kürzer. Sie beschreiben aber immer nur ganz normale wiederkehrende Tätigkeiten und Abläufe.

Aufgrund Gewohnheit und Häufigkeit neigt man dazu, Punkte in den *normal procedures* zu übersehen beziehungsweise zu überspringen. Das ist menschlich und geschieht nie absichtlich. Als ich noch Flugschüler war benötigte ich vier bis fünf Mal so lang wie später als Einsatzpilot, um Systeme im TORNADO vor dem Start hochzufahren und zu überprüfen. Das kam nicht daher, weil ich nicht wusste, wo sich Schalter für Systeme im Cockpit befanden. Oder weil ich nicht wusste, wie die jeweiligen Systeme funktionierten. Ich kannte schon damals mein Flugzeug sehr genau. Wusste während der Ausbildung sogar mehr über Technik und Systeme als Jahre danach. Der Grund lag vielmehr darin, dass ich als Schüler noch keine Routine hatte und noch nicht verstand, wie man mit Checklisten richtig umgeht. Immer wieder blickte ich darauf und fragte mich, ob ich auch alles richtig machte. Wollte auf keinen Fall einen Fehler machen. Ich war unsicher im Umgang mit *normal procedures*. Dafür sind aber Checklisten da. Sie helfen erfahrenen und unerfahrenen Piloten dabei, keine Fehler zu machen. Es ist egal, ob man unsicher oder aufgeregt ist. Oder sogar *task saturated*. Wenn die Checkliste korrekt angewendet wird, passieren keine Fehler. Im Laufe der Zeit wurde ich sicherer im Umgang und arbeitete Checklisten schneller ab. Achtete aber weiterhin exakt auf einzelne Punkte. Dass ich sie *according checklist* erledigte. Nach Vorgaben ausführte.

Hier liegt die Gefahr von Checklisten: Wenn man *normal procedures* zu automatisch abarbeitet, schleichen sich möglicherweise Fehler ein. Der Sinn von Checklisten wird damit quasi aufgehoben. Zu jeder Zeit muss die Struktur und Systematik der Checkliste gewahrt werden. Es sind Prüfverfahren, die uns vor, während und nach der Aus-

führung assistieren. Ein Checklist-Prinzip kann nahezu überall angewendet werden. Im Hotel an der Rezeption und der Zimmerreinigung. In Logistikfirmen bei Annahme und Versand von Artikeln. Im OP. Im Call Center. Im Büro zum Abarbeiten von regelmäßigen Prozessen. Mit einer richtig verwendeten Checkliste erhalten Sie Standardisierung bei Ihren Aktionen. Prozesse werden nachvollziehbar und transparent. Und fehlerfreier. Jeder profitiert dann davon. Alles, was zunächst benötigt wird, ist Konzentration auf den Ablauf, auf den Prozess. Später dann eine solide Einweisung für alle Nutzer in den korrekten Umgang mit der Checkliste.

Und so beginnen Sie mit dem Erstellen einer ersten *normal procedures*-Checkliste: Schreiben Sie auf, was Sie regelmäßig tun, um dies oder jenes Ziel zu erreichen. Am besten direkt während Sie es tun. Achten Sie dabei strikt auf die chronologische Reihenfolge. Strukturieren Sie alle Notizen nach einer gewissen Weile in Form von fest aufeinander folgenden Handlungsanweisungen.
Achten Sie bei Abläufen auf den Sinn der Reihenfolge. Prüfen Sie das Ergebnis genau. Haben Sie wirklich das erreicht, was Sie wollen? Ist das Ergebnis so, wie Sie es sich vorstellen? Ja? Glückwunsch. Sie haben soeben Ihre erste Checkliste erstellt. Nach einer Weile werden Sie einen Punkt finden, der bislang auf der Checkliste gefehlt hat. Fügen Sie ihn ruhig ein. Das ist Ihre erste Revision. Lassen Sie die Checkliste von anderen anwenden, nachdem Sie erklärt haben, wie Sie sich die Anwendung vorstellen. In Piloten-Checklisten finden sich die Regeln zum Anwenden gleich mit in der Checkliste. Das macht es einfach. Bitten Sie zudem um Feedback. Der Kreislauf muss geschlossen sein.

Non-Normal Procedures

Im Gegensatz zu den *normal procedures* gibt dieser Teil der Checkliste Anweisungen für den Fall, dass etwas nicht normal läuft, aber noch keine Notsituation eingetreten ist. Einer von vier Generatoren ist ausgefallen. Nicht weiter dramatisch. Die übrigen drei versorgen das gesamte Bordnetz meiner 747 mit ausreichend Strom. Dennoch möchte ich wissen, woran der Fehler lag. Vielleicht habe ich ja irgendwo einen Kurzschluss, der in ein paar Minuten einen weiteren Generator ausfallen lässt? Das wäre schon schlimmer, denn dann müsste ich auf verschiedene Systeme verzichten. Wäre dann vielleicht sogar schon in einer Notlage. Ich verwende die *non-normal procedures*-Checkliste dazu, etwas zu tun, was ich üblicherweise nicht tue. Was für mich noch keine Ausnahmesituation darstellt, aber dennoch getan werden muss. Diese Art Checkliste hilft mir, die nicht so oft durchgeführten Handlungen auch ohne tiefes Systemverständnis fehlerfrei abschließen.

Es muss nicht zwangsläufig etwas ausfallen, damit ich auf eine *non-normal*-Checkliste zurückgreife. Folgende Situationen sind für einen Pilot nicht alltäglich, damit *non-normal*, und sind prädestiniert für den Einsatz von *non-normal procedures*.

- Starten und Landen auf nicht-trockener Runway
- Operieren in Temperaturen von mehr als 35° Celsius
- Enteisung des Flugzeuges
- Transport von Gefahrgut
- Flug ohne Passagiere und Flugbegleiter

Übrigens: Manche Hersteller oder Firmen nennen die zu Letzt genannten *non-normal procedures* Checkliste auch *supplementary prorcedures* (ergänzende Anweisungen). Ich finde den Ausdruck *non-normal* jedoch passender.

Emergency Procedures

Checklisten für außergewöhnliche Situationen beziehungsweise für Notfälle unterscheiden sich deutlich von den anderen Arten. Eine *emergency procedures*-Checklist ist nichts anderes, als ein funktionierender *»What, if…?«* – Plan, der für bestimmte Probleme verwendet werden kann und soll. Es brennt im rechten Triebwerk? Was jetzt? Löschen. Anderes Triebwerk sichern. Notlanden! Die einzelnen Schritte könnten wie folgt lauten:

FIRE ENGINE
- *Thrust Lever – Confirm, Idle*
- *Fuel Control Switch – Confirm, Shut Off*
- *Fire Handle – Confirm, Pull*

If further signs of Fire:
- *Other Fire Handle – Pull*
- *Declare Emergency and Land*

Mit dieser Checkliste wird keine ausführliche Lösung für ein kritisches Problem angeboten. Dafür ist keine Zeit. Notfall-Prozeduren beschränken sich auf das Minimum. Einzelne Schritte müssen zu jeder Zeit funktionieren. Egal, wie abgelenkt man ist. Wie *task saturated*. Unabhängig von der Komplexität der Lage, Stress und Zeitdruck. Alle Punkte haben bewiesen, dass sie funktionieren. Sie mögen nicht die 100 Prozent Lösung sein. Geben aber Nutzern die Chance, einigermaßen störungs- und folgenfrei aus der Misere heraus zu kommen. Um exakte Details und feine Optimierungen kann man sich später kümmern, bei mehr Ruhe und weniger Komplexität.

Wie Sie im beschriebenen Beispiel sehen können, taucht immer wieder das Wort *»Confirm«* auf. Das hat einen Grund. Da im Augenblick des Notfalls Dinge sehr schnell passieren können und auch oft nicht umkehrbar sind (wenn der Feuerlöschhebel einmal gezogen ist, ist die Flasche mit Löschschaum leer!), schützt ein zweiter Blick des anderen Piloten davor, einen schwerwiegenden Fehler zu begehen. Nicht alle *emergency procedures* schreiben aber eine Bestätigung vor. Es kommt immer darauf an.

Diese Art von Notfall ist sicherlich sehr kritisch. Feuer an Bord ist immer gefährlich. Daher auch die gegenseitige Verifizierung. Es gibt aber auch noch andere Notfälle. Welche, die bald sehr kritisch werden können, im Augenblick aber noch nicht sind. Zeit spielt eine große Rolle bei der Betrachtung von außergewöhnlichen Situationen. So wird der Bereich der *emergency procedures* noch einmal in zwei Arten aufgeteilt:

- Zeitkritische Notverfahren (*memory items, Bold Faces*)
- Nicht-Zeitkritische Notverfahren (*reference items*)

Wenn ich mich im Startlauf befinde und ein paar Sekunden vor dem Abheben einen lauten Knall im Cockpit höre, dazu das Flugzeug beginnt, zu einer Seite zu ziehen, dann habe ich keine Zeit, eine Checkliste aus meiner Tasche zu holen und Punkte abzuarbeiten. Ich muss sofort handeln. Es herrscht definitiv Zeitnot. Diese Art der Notfall-Verfahren nennen Zivilpiloten *Memory Items*. Es sind Punkte, die man sich merken muss (*Memory*). Bei Kampfpiloten heißen diese Verfahren *Bold Faces. Bold Faces* aus dem Grund, weil die Punkte in der gedruckten Checkliste fett geschrieben sind (englisch: *»bold faced«*). Egal, wie wir die zeitkritischen Verfahren bei *Emergency Procedures* nennen, man muss sie jeder Zeit im Kopf abrufbereit haben. Sie sind absolut kritisch für den Fortgang von Dingen. In der Fliegerei können sie den Unterschied zwischen Leben oder Tod bedeuten. Eine Methode, diese immer einfach gehaltenen Punkte stets mental abrufbereit zu haben, ist übrigens das *chairflying*. Typische *Memory Items* beziehungsweise *Bold Faces* in der Luftfahrt sind:

- Feuer/Motorausfall beim Start (Engine Loss during Takeoff)
- Durchstarte-Manöver (Go-Around)
- Verlust der Flugzeugkontrolle/Trudeln (Loss of Control/Spin)
- Notausstieg mit Schleudersitz (Ejection)
- Feuer (Fire)
- Qualm und Nebel im Cockpit (Fumes in Cockpit)
- Landen auf Wasser (Ditching)

Schauen Sie sich mal um, welche zeitkritischen Situationen Sie kennen. Versuchen Sie dann, dafür verlässliche Gegenmaßnahmen zu finden, die man sich leicht merken kann.

Reference items sind ebenfalls Anweisungen für kritische Situation. Hier besteht aber nicht unbedingt hoher Zeitdruck. Wenn ich die Punkte also nicht sofort ausführe, werde ich nicht sterben. Trotzdem sollten die Anweisungen zur Korrektur der Situation möglichst bald erledigt werden. Auf der ersten Seite der *emergency procedures* Checkliste findet sich immer ein alphabetischer Index, anhand dessen man die zutreffende *reference items* Checkliste schnell findet. Sobald wie möglich holt der nichtselbst steuernde Pilot (*Pilot Monitoring*) die *emergency procedure* Checkliste hervor und liest die *reference items* laut vor. Arbeitet parallel dazu alle vorgegebenen Anweisungen ab. Das ist die *read-and-do* Version einer Checkliste. Ich lese etwas – und tue es direkt auch!

Auch die *memory items* befinden sich in dieser Checkliste. Sobald sie auswendig durchgeführt wurden werden sie vom *Pilot Monitoring* hervorgeholt und noch einmal vorgelesen. Nur um sicherzustellen, dass man auch wirklich nichts vergessen hat. Gegebenenfalls folgen *memory items* dann auch direkt noch einige *reference items*, die natürlich im Stil *read-and-do* abgearbeitet werden.

Umgang mit Checklisten

Je nach Flugzeugtyp bedeuten bestimmte Systemausfälle einen Notfall oder keinen Notfall. So ist das natürlich auch anderswo. Der eine empfindet den Zusammenbruch eines Kassensystems als Ausnahmesituation, und erstellt eine *reference item*-Checkliste, der andere ist sich sicher, das ist nur ein unnormales Vorkommnis. Verwendet eben eine *non-normal*-Checkliste. Wenn nicht bereits (zum Beispiel durch den Hersteller) vorgegeben, muss jeder selbst festlegen, was zeitkritische, nicht-zeitkritische und *non-normal procedures* sind. In jedem Fall empfiehlt es sich, für *non-normal* und zeit-unkritische Checklisten den *read-and-do*-Stil vorzugeben. Ich lese einen Checklist-Punkt vor und führe ihn aus. Eine *read-and-do* Struktur ist typisch für nicht-zeitkritische *emergency procedures*-Checklisten. Ist man zu zweit, kann der andere den jeweiligen Punkt bestätigen. Hiermit erreicht man eine höhere Redundanz.

Normal procedures sind nach einem anderen Prinzip aufgebaut. Sie verwenden die Struktur des *follow-up*. Ich arbeite aus dem Kopf heraus einen Block von vorgeschriebenen Punkten ab und lese im Anschluss die *normal procedures*-Checkliste. Das tue ich, um zu prüfen, dass ich nichts vergessen habe. Normal procedures werden ständig ausgeführt. Es stellt sich schnell Routine ein. *Follow-up* ist schneller als *read-and-do*. Aber auch anfälliger für Fehler. Zu jeder Zeit muss die *normal procedures*-Checkliste deshalb nach dem Abarbeiten konsultiert werden, um zu erkennen, ob man Flüchtigkeitsfehler begangen hat. Ausnahmen bei den *Normal Procedures* sind kritische aber doch normale (wiederkehrende) Verfahren, wie zum Beispiel die *Before Take-Off* -Checkliste, bei der man sofort exakt überprüft, dass alle normalen Verfahren erfolgreich durchgeführt werden. Andernfalls würde man den Start gefährden.

Memory items/Bold Faces sind immer *follow-up*. Ich stelle eine zeitkritische Notsituation fest. Bestätige dies selbst oder mit Hilfe des anderen Piloten/-in. Dann führe ich ohne Verzögerung auswendig vorgesehene Handlungen aus. Erst danach hole ich die *emergency procedures*-Checkliste hervor und lese die bereits erledigten Punkte noch einmal laut vor, um zu prüfen, dass ich nichts vergessen oder falsch ausgeführt habe.

Ich hatte bereits vorgeschlagen, wie Sie Ihre erste Checkliste entwickeln können. Mit etwas Anstrengung kommt man in der Tat schnell zu einem ersten Entwurf. Doch bedeutet das nicht, dass die Checkliste perfekt ist und auch genutzt wird. Nur weil diese Checkliste für Sie funktioniert, muss sie nicht automatisch für andere geeignet sein. Die Einführung einer Checkliste für ein ganzes Team muss damit begleitet werden, dass man sie gut erklärt, anderen Nutzern sinnvoll vorstellt. Jeder muss damit umgehen können. Und zwar fehlerfrei. Sonst ist sie wirklich sinnlos. Nehmen Sie stets Kritik und Rückfragen ernst. Lassen Sie wertvolle Kommentare in die Entwicklung und Verbesserung Ihrer Checkliste einfließen. Standards für den Umgang mit diesem wertvollen Werkzeug setzen Sie im Training.

Eine Checkliste kann nie das Mitdenken und Engagement der Teammitglieder ersetzen. *»Common sense is always in effect«*, sage ich immer. Sie müssen im Training darauf achten, dass *procedures* von jedem in gleicher Art und Weise durchgeführt werden. Für die »Wartung« von Checklisten ist das Management zuständig. Es sollte Nutzer in die Wartung einbinden. Die besten Ideen kommen ohnehin von den Nutzern. Sie sind es, die täglich damit umgehen. Die Kritik haben und Optimierungsbedarf sehen. Nehmen Sie so etwas ernst. Bessere Vorschläge kriegen Sie nicht!

Cross-Checks

Als Pilot ist es Ihre Hauptaufgabe, das Flugzeug zu fliegen! Wenn Sie Verkäufer sind steht an erster Stelle: Verkaufen! Egal, was kommt! Als Arzt sollen Sie Patienten heilen oder schmerzfrei machen. Jeder hat eine Primärtätigkeit. Erst dann folgen weitere Aufgaben. Letztere sind immer der Primäraufgabe unterzuordnen. Ein Zahnarzt muss neben erfolgreicher Durchführung einer *Endodontie* auch ein Team führen. Abrechnungen schreiben. Berichte an Krankenkassen verfassen. Gespräche mit Krankenschwestern und Patienten führen. Und so weiter. Zweitaufgaben können sehr unterschiedlich sein. Zurück zum Fliegen. Wenn wir die oben genannte Primärtätigkeit *»das Flugzeug zu fliegen«* näher betrachten, dann bedeutet dies nichts anderes, als die Lage des Flugzeuges kontinuierlich mit Hilfe unterschiedlicher Instrumente zu überprüfen und gegebenenfalls korrigieren einzugreifen. Hierzu nutzen Piloten unter anderem, aber nicht ausschließlich:

- Künstlicher Horizont
- Höhen- und Fahrtmesser
- Anzeige zur Steig-/Sinkrate
- Kompass/GPS/INS
- Wendezeiger
- Triebwerksinstrumente

Jedes Instrument hat eine besondere Bedeutung und Wichtigkeit. Während sich die Bedeutung einer Anzeige fast nie ändert, ist die Wichtigkeit nicht zu jeder Zeit gleich. Sie hängt vielmehr von der Situation und dem Zeitpunkt des Fluges ab. Der Fahrtmesser ist bei Start/Landung weitaus relevanter als im Reiseflug. Navigationsgeräte wie ein Kompass spielen wiederrum beim Start so gut wie keine Rolle, sind aber im Reiseflug äußerst wichtig. Ein Pilot muss lernen, seine Instrumente so zu betrachten und ernst zu nehmen, wenn es die Situation und der Zeitpunkt erforderlich machen. Dieses Erlernen braucht Zeit. Schauen wir auf einen Flug nach Instrumenten (IFR), so ist der *Künstliche Horizont* ein Gerät, das quasi immer die höchste Wichtigkeit aufweist. Aus diesem Grunde findet man es auch in allen Cockpits in der Mitte vieler weiterer Anzeigen. Diese Anordnung bezeichnet man als das *»Basic T«*. Wie auf dem Bild zu sehen, repräsentiert die Anordnung der wichtigsten Geräte für das Fliegen nach Instrumentenregeln in der Tat die Form des Buchstabens *T*.

BASIC T in einem kleinen einmotorigen Flugzeug.

Auch auf modernen Digitalanzeigen spiegelt sich diese Anordnung des *»Basic T«* wider. Der Grund für die Standardisierung ist simpel. Egal, welches Flugzeug ein Pilot fliegt, er oder sie soll nicht lange damit kämpfen, Anzeigen für die Primärtätigkeit zu finden. Kontrolle des Flugzeuges. Das Arrangement der Instrumente hat zum Ziel, Sicherheit zu gewährleisten. Natürlich wäre es wünschenswert, wenn man zur Ausführung der Primärtätigkeit nur eine Anzeige, ein Instrument, benötigen würde. Die Welt ist aber leider nicht einfach. Weder bei mir im Cockpit noch bei Ihnen im OP, am Schreibtisch oder im Laden. Wir müssen viele Anzeigen, Prozesse und Parameter gleichzeitig im Auge behalten, damit das Ziel/die Ziele erreicht werden kann/können. Das Überwachen unterschiedlicher Dinge trägt in der Fliegerei den Namen *Cross-Check.*

Je nach Situation, Zeit und Anlass beachtet ein Pilot beim *Cross-Check* unterschiedliche Dinge für unterschiedlich lange oder kurze Zeit. Auch kann sich innerhalb von Sekunden der Verlauf eines *Cross-Checks* komplett ändern. Ein *Cross-Check* ist sehr dynamisch, niemals konstant, und immer extrem situationsabhängig. Das macht ihn so schwierig beziehungsweise anfällig für Fehler und Probleme.

Wie sieht ein *Cross-Check* aus der Sicht eines Piloten praktisch aus? Wenn ich nach IFR fliege hat der *Künstliche Horizont* (ADI), wie bereits erwähnt, die höchste Bedeutung. Das Gerät befindet sich deshalb zentral zwischen anderen. Ich muss dem ADI die meiste Aufmerksamkeit widmen. Andere Instrumente verifizieren quasi nur meine Wahrnehmung, die ich durch den ADI erhalte. Aber auch diese Erkenntnisse sind unverzichtbar. Im Anflug geht mein Blick vom ADI für wenige Augenblicke zum Fahrtmesser. Dann sofort zurück zum *Künstlichen Horizont*. Nach Sekundenbruchteilen wandert mein Blick zu einem weiteren wichtigen Instrument. Dem Höhenmesser. Und abermals zurück zum ADI. Wieder schaue ich für einen kurzen Augenblick woanders hin. Vielleicht nach draußen? Ich möchte ja landen, suche die Runway vor mir. Noch bin ich aber nicht an meinem Entscheidungsminimum (*decision height*). Dem *go/no-go point*. Fliege stattdessen weiter nach Instrumenten in schlechten Wetter mit einem Sinkflug auf die Landebahn zu. Also geht mein Blick direkt zurück auf den ADI. Stimmt dort noch alles? Ja. Alles ok. Ich schaue auf den Fahrtmesser. Und so weiter. Das ist der *Cross-Check* eines Piloten beim Anflug nach Instrumenten (zum Beispiel ILS). Befinde ich mich Startlauf, oder im Angriff auf ein Bodenziel, sieht der *Cross-Check* anders aus. Signale, Anzeigen und Parameter haben einen anderen Wert. Finden andere Beachtung.

Man beachte: Je nach Situation und Erfahrung, Ablenkung und körperlicher Verfassung fällt ein *Cross-Check* mal leichter oder mal schwerer. Das bedeutet automatisch: Mal ist der *Cross-Check* mehr, mal weniger anfällig für *task saturation*. Man nimmt Ereignisse einfach nicht immer gleich wahr. Das hat Einfluss auf *SA* und *task saturation*. So lässt sich in Bezug auf das Fliegen eines Flugzeuges unter Instrumentenregeln die

Behauptung aufstellen, dass ein *»Basic T«* ein Werkzeug zur Aufrechterhaltung von *SA* ist. Das *»Basic T«* gibt Sicherheit. Es ist nichts anderes als eines der vielen *tools*, die ein Pilot oder eine Pilotin zur Verfügung hat, um die Primar-aufgabe (sicher zu fliegen) zu erfüllen. Zu diesen Werkzeugen gehören ferner der Funk, das Gefühl, andere Flugzeuge und so weiter. Alles sind Werkzeuge und Hilfsmittel zur Herstellung und Aufrechterhaltung von *SA*. Und genauso wie ein Pilot lernen muss, zu welchem Zeitpunkt und für wie lange er/sie auf Instrumente, Geräte, Anzeigen schauen muss, so müssen andere Nicht-Flieger lernen, in ihrem Umfeld zu verschiedenen Zeiten mit unterschiedlicher Priorität auf bestimmte Dinge zu achten, damit *SA* erhalten bleibt. Auf Anzeigen, Stimmen, Anrufe, Mitteilungen, Zeichen, Gefühle, Signale, auf das Team. Das erfordert definitiv Übung.

Beim *Cross-Check* fokussiert man sich abwechselnd auf unterschiedliche, aber stets mehr oder weniger wichtige, Anzeigen. Das geschieht mit den Augen, den Ohren, der Nase, dem Gefühl. Beim *Cross-Check* arbeitet sozusagen der ganze Körper. Das *»Basic T«* ist nur ein Beispiel von *tools*, die ein Pilot/eine Pilotin zur Verfügung hat, um das Flugzeug zu fliegen. Als Pilot muss man lernen, eigene Wahrnehmungen zu beachten und zu steuern. Sogar regelmäßig zu hinterfragen. Wenn nämlich das aktive Steuern des *Cross-Checks* durch äußere (Crew, Wetter, Technik, Funk, etc.) oder innere Einflüsse (Ego, Disziplin, Frust, etc.) gestört wird, kann es schnell zum *Kanalisieren, Aufteilen* oder *Abschalten* kommen. Das sollte man erkennen!

Help me!

Kennen Sie den Ausdruck: *»Nicht die Formation im Stich lassen!«*? Nein? Ich schon. Ich bin ja auch 20 Jahre lang Teil von Formationen gewesen. Eins hatten alle gemeinsam: Gegenseitige Unterstützung war das höchste Gut. Auch genannt: *Mutual support!* Egal was kam, was passierte, wie hoch der Zeitdruck oder Stress war. Als erstes kam die Formation. Warum? Ich habe hinten keine Augen. Den Blick hinter meinen Jet müssen also andere übernehmen. Mein Flügelmann neben mir zum Beispiel. Auch kann ich nicht alle Aufgaben alleine lösen. Wohl aber sind Mitglieder meines Teams (meine Formation), in der Lage, gleichzeitig mit verschiedenen Stellen zu funken, das Timing für den Zielangriff zu berechnen, gegnerische Flugzeuge auf dem Radar zu verfolgen, Bodenabwehrstellungen im Auge zu behalten, das Wetter zu analysieren, und so weiter. In dem ich *mutual support* als höchstes Gut erachte, tue ich im Grunde meist etwas für mich. Ich tue gleichzeitig aber auch etwas für mein Team. Vor, während und nach einem Flug wird die Last aller Aufgaben auf möglichst viele Schultern verteilt. Natürlich in Abhängigkeit von Können und Erfahrung.

Außerhalb meiner Staffel treffe ich nicht so häufig auf *mutual support*, auf uneingeschränkte gegenseitige Unterstützung. Viele »kämpfen« tagein tagaus allein vor sich hin. Suchen weder aktiv nach Unterstützung, noch werden sie freiwillig von Kollegen in fremde Prozesse und Abläufe eingebunden. Es sei denn, es muss wirklich sein. Wenn es beispielsweise der Chef so befohlen hat. Das hat wahrscheinlich seinen Ursprung darin, dass man dort denkt, der oder die andere nehme einem andernfalls den Job weg. Man fürchtet sich vor der Konkurrenz im eigenen Haus. Man hat Angst, bei der nächsten Beförderung nicht an der Reihe zu sein. Oder eine anstehende Gehaltserhöhung zu verpassen. Misstrauen und Zurückhaltung ist an vielen Arbeitsplätzen nicht gerade selten zu beobachten.

Auch in TORNADO- und EUROFIGHTER-Staffeln kann der ein oder andere schneller befördert werden. Logisch! Oder einen Bonus bekommen, weil er (angeblich) bessere Arbeit geleistet hat. Auch hier existiert Misstrauen. Doch überwiegt die Überzeugung über die Vorteile des *mutual supports* allen Zweifeln. Das gilt für Planung, Briefing, Flug und Debriefing. Wenn ich keine Unterstützung erhalte, kann ich als Kampfpilot meine Aufgaben nicht lösen. Ziele nicht erreichen. Möglicherweise noch nicht einmal überleben! Ich brauche gar nicht erst zu starten. In der Luft bin ich Gefahren und Problemen ausgesetzt, die ich nicht zu jeder Zeit alleine kontrollieren beziehungsweise lösen kann. Ich riskiere ohne *mutual support*-Mentalität unnötig mein Leben. Es geht nicht ohne Hilfe. Kampfpiloten wissen das. Persönliche Differenzen gibt es in der Tat überall. Sie müssen aber in den Hintergrund treten, wenn es um etwas Wichtiges geht. Der Fokus muss in diesem Fall auf der Ausführung des Plans liegen. Nicht auf privaten Befindlichkeiten. Ich muss ja nicht gleich mit jedem befreundet sein und ein Bier trinken, nur weil ich professionell zusammen arbeite.

An Orten, an denen *mutual support* anzutreffen ist, erkennt man Strategien, die bei Problemen in einfacher Weise helfen, das Ziel oder die Ziele doch noch zu erreichen. Ein Mitarbeiter wird krank? Kein Thema. Ein anderer kann für ihn oder sie einspringen. Weil er oder sie ebenfalls in gleiche Abläufe eigewiesen ist. Kollegen erkennen bei gelebtem *mutual support* leicht, wenn *SA* verloren geht. Wenn *task saturation* eintritt. Sie geben dann Feedback, helfen, beraten. Immer, um das gemeinsame Ziel irgendwie zu erreichen. Ein sich unterstützendes Team korrigiert Fehler meist selbst. Der Wille zur Unterstützung – sie zu geben und anzunehmen – muss jedoch bei jedem von innen heraus vorhanden sein. Zwingen kann man niemanden dazu. Man kann lediglich ein förderliches Umfeld einrichten. Das liegt in der Verantwortung des oder der Vorgesetzten, des *team leaders* (männlich und weiblich natürlich). Auf keinen Fall darf die Chefetage den Fehler machen, nur den Besten oder die Beste zu loben. Leistungshonorierungen müssen stets das gesamte Team betreffen.

So sieht ein Team aus!

Kapitel 10

Debriefing – Ergebnisse erfolgreich verwenden

Endlich! Die Idee erwies sich als gut. Viele haben mitgemacht. Das Briefing zum Ablauf war klar und leicht zu verstehen. Ziele waren mess- und erreichbar. Am Ende des etwa 40 minütigen Briefings gab es zwar ein paar Verständnisrückfragen. Doch insgesamt sorgte das Briefing für eine souveräne und erfolgreiche Ausführung des Plans. Soviel zu Ihrem Plan, dem Briefing und der Ausführung des jährlichen Firmen-Sommerfestes vor wenigen Tagen. Zwei Tage hatte es gedauert. Es wurde viel gefeiert und diskutiert. Ein wenig Gestritten aber doch meist gelacht. Ein kurzer Regenschauer am ersten Tag, danach nur Sonnenschein. Die gebuchte Band war 30 Minuten zu spät. Das Bier vom Fass und die Pommes Frites schneller konsumiert als vermutet. Doch insgesamt kann man behaupten: Das Event war ein Erfolg! Ich stelle mir gerade vor, wie wir gemeinsam über eine Ihrer Aufgaben nachdenken. Der Organisation des Sommer-Festes im Juni dieses Jahres.

Oder nehmen wir doch diese Aufgabe: Seit mehreren Monates freuen Sie sich auf den Urlaubsflug mit Ihrer Familie. Noch nie waren Sie mit der gecharteten Ein-Mot bis nach Kroatien geflogen. Und das Anfang Mai. Da ist das Wetter ja noch nicht überall für VFR´ler geeignet. Trotzdem sind Sie gut hin und wieder zurückgekommen. Zwar war an einem der geplanten Zwischenlandeplatze plötzlich doch kein AVGAS verfügbar. Sie mussten mit dem letzten Tropfen erneut starten und zum Alternativflugplatz fliegen. Dort gab es endlich AVGAS. Das war aber akzeptabel, denn Sie hatten diese Eventualität in Ihrer *»What, if...?«*-Planung berücksichtigt. Auch verlangte man am Zielflugplatz deutlich höhere Handling-Gebühren als erwartet. Doch auch dies konnte

Auch in einem Verkehrsflugzeug nutzt man die tools des Briefings und des Debriefings.

Sie nicht aus der Bahn werfen, haben Sie ja absichtlich den gesamten Trip mit etwas höheren Kosten angesetzt. Letztendlich waren alle einzelnen Flüge sicher, der Urlaub super schön und die drei Familienmitglieder freuen sich bereits auf den nächsten Ausflug mit der kleinen zuverlässigen Chartermaschine LISA.

Was haben diese Erlebnisse – wir könnten sie auch Projekte nennen – nun gemeinsam? Beide Male gab es klare Ziele. Es gab ein Team, das verschiedene Aufgaben auf dem Weg zum Ziel erledigen musste. Es standen viele Ressourcen zur Verfügung. Auch existierten in beiden Fällen konkrete zeitliche Vorgaben. Und es traten bei beiden Projekten unterschiedliche Eventualitäten auf. Manchmal wurde es stressig, *SA* drohte kurzfristig in den Keller zu rutschen. Einen anderen Augenblick verlief alles wie geplant und gebrieft. In beiden Fällen stand am Ende ein gemeinsamer Erfolg. Trotz Unwägbarkeiten. Gesetzte Ziele wurden im Grunde immer erreicht.

Mit dem Erreichen der Ziele ist es aber nicht getan. Ich sprach von Eventualitäten, die auftauchten. Von unvorhergesehen Ereignissen, die durch eine solide *»What, if... ?«*-Planung doch noch rechtzeitig überkommen werden konnten. Ehrlich gesagt, hier und da gab es auch kleine Fehler und Probleme, auf Sie gern verzichtet hätten. Sie sind aber nun mal passiert. Anstatt die Ereignisse jetzt in die mentale Schublade zu packen, also gewissermaßen zu vergessen und das nächstes Mal erneut in verschiedene Fallen zu tappen (identische oder ähnliche Fehler zu machen), können wir aber auch mit einem Debriefing Ergebnisse (*lessons learned*) für künftige Planungen und Handlungen dauerhaft sichern. Auf diese Weise wären wir in der Lage, gleiche oder ähnliche Aufgaben mit hoher Wahrscheinlichkeit sicherer, einfacher, schneller und fehlerfreier durchzuführen. Genau das ist der Sinn eines Debriefings. Ich möchte damit:

- Fehler entdecken
- Missstände notieren
- Probleme an- und besprechen
- Alternativen suchen
- Nachhaltigkeit geben

Wenn ich nach einer *mission* landete, war ich froh, dass meine Formation wieder heil am Boden war. Nicht immer ist einer sicherer Ausgang einer Aufgabe selbstverständlich. Sicherheit sollte deshalb grundsätzlich als ein eigenständiges Ziel messbar definiert werden.
Sobald ich im Staffelbunker angekommen war, erledigten mein WSO und ich unterschiedliche Aufgaben. Er ging nach dem Ablegen der Flugdienstkleidung sofort zum Nachrichtenoffizier und gab innerhalb von 30 Minuten nach Abstellen der Triebwerke ein umfassendes und geheimes *Mission-Debriefing* ab. Die Form dafür ist standardisiert und verständlich strukturiert. Der Nachrichtenoffizier leitet es sofort an Höhere Kommandobehörden weiter, die Erkenntnisse an anderer Stelle als Informationen für spätere Flüge verteilen. Meine Aufgabe war es dagegen, die Daten aus unserem Flug zu sichten. Ich nutze dafür verschiedene Aufzeichnungsgeräte. Sowohl Video

als auch Tonspur standen mir zur Verfügung. Ich analysierte Flugweg, Formationsabstände, Zielangriff, Funksprüche, Höhenstaffelungen, Verspätungen, Probleme und so weiter. Genauso verlief die Vorbereitung auf das Debriefing auch bei anderen Teilnehmern der *mission*. Nach exakt 45 Minuten nach Abstellen der Triebwerke versammelten wir uns wieder in dem Raum, in dem wir vorher gebrieft hatten. Karten, Fotos und flugrelevante Unterlagen wurden wieder aufgehängt. Die Formationsmitglieder nahmen Platz. Video und Ton waren schon vorbereitet. Stille! Jeder blickte auf seine Notizen. Immer dann, wenn etwas nicht so lief wie geplant, machten wir uns im Flug Notizen. Manchmal nur eine unscharfe Skizze oder ein paar Striche. Ein anderes Mal Stichworte, Plus oder Minus, Ausrufe- oder Fragezeichen. Jeder hat hier seinen individuellen Weg, um Ereignisse und Erlebnisse zu sichern, damit sie später abrufbar sind. Denn nur wenn sie abrufbar sind, sind sie auch debriefbar.

Das ist ein wichtiger Punkt: *Debriefbarkeit*! Achten Sie immer darauf! Ereignisse, die im Debriefing angesprochen werden, müssen mit Fakten belegbar sein. Zeit, Ort, Beteiligte, Ablauf muss erkennbar werden. Vermutungen, Mutmaßungen oder persönliche Wertungen gehören nicht in ein Debriefing. Der Leiter des vorherigen Briefings leitet auch das Debriefing. Er oder sie achtet darauf, dass Regeln eingehalten werden. Kein Reinrufen, kein Aufstehen, keine Beleidigungen. Kein Gelächter und keine Drohungen. Jeder ist gleich. Auch Vorgesetzte haben sich dieser Struktur und dem festgelegten Ablauf unterzuordnen. Nur einer redet. Alle anderen hören zu. Dinge, die hier Erwähnung finden, bleiben im Raum. Werden nicht nach außen getragen. Ein späteres *»Weißt Du, was ich gestern Unglaubliches bei meinem Flug erlebt habe?«* gibt es nicht! So etwas ist immer ein *No-Go*. Auch nehmen nur Personen am Debriefing teil, die mit der Ausführung tatsächlich zu tun hatten. Zuschauer sind nicht erwünscht. Spätestens in dem Augenblick, wo das Debriefing beendet ist, müssen Differenzen aus der Welt sein. Um eine hierarchiefreie Umgebung zu gewährleisten, nehmen Kampfpiloten vor dem Beginn des Debriefings ihre Namensschilder ab. Das symbolisiert die Tatsache, dass alle Teilnehmer gleich sind. Unabhängig von Rang und Dienstgrad. Ohnehin tragen alle Piloten die gleiche Uniform. Teilnehmer werden weiter animiert, ehrliches Feedback zu geben und essentielle Punkte heraus zu arbeiten. Es geht immer um das nachhaltige Lernen für die Zukunft!

Nur eigene (debriefbare) Notizen dürfen im Debriefing verwendet werden. Lassen Sie sich niemals Notizen von jemand anders geben, weil dieser Herr oder diese Dame schnell weg muss. Sie haben die übergebenen Punkte möglicherweise gar nicht so gesehen oder erlebt. Erlauben Sie so etwas, untergaben Sie den Wert dieser Veranstaltung, denn auch andere würden bestimmt gern die Chance nutzen, sich um ein Debriefing zu drücken. Es bedeutet in erster Sicht ja immer mehr Arbeit. Genauso wie das Briefing muss auch die Nachbesprechung eine Pflichtveranstaltung sein. Der/die Durchführende sollte vor Beginn die Zeit nutzen, einen guten Rahmen zu setzen. Tafelanschrieb und Powerpoint ist vorbereitet. Flip Chart und Karten sind positioniert. Ziele erneut an einer Stelle gut erkennbar. Diese möchten Sie ja gleich analysieren. Vermitteln Sie zu jeder Zeit den Eindruck, dass das Debriefing fester Bestandteil des Auftrages ist. Erst wenn dies beendet ist, ist auch die Aufgabe erledigt. Menschen neigen dazu, Dinge nach getaner Arbeit stehen und liegen zu lassen.

Sekunden vor dem Start.

Struktur

Reflektieren Sie zu allererst die ausgegebenen Ziele (*mission aims, objectives, targets*). Dadurch, dass bei Planung und Briefing Messbarkeit stets Ihr Ziel war, sind Sie jetzt im Debriefing in der Lage, Ergebnisse präzise zu analysieren. Ob Sie eine Matrix für die Ergebnisanalyse verwenden oder das Erreichen der Ziele anders herleiten unterliegt der künstlerischen Freiheit. Es muss nur eindeutig werden, welche Ziele erreicht wurden und welche nicht. Ich nutze eine logisch aufgebaute Liste/Matrix an einer Flip Chart oder der Tafel. Rechts neben den vermerkten Zielen lasse ich Platze. Dort setze ich zum richtigen Zeitpunkt ein + für *»erfüllt«* oder ein – für *»nicht erfüllt«* ein.
Am Anfang steht die Kontrolle der Anwesenheit. Dann erkläre ich gegebenenfalls die Regeln fürs Debriefing, wenn scheinbar Zweifel bestehen oder längere Zeit nicht gedebrieft wurde.

- Wer redet wann?
- Was machen wir überhaupt?
- Wie läuft die Sache ab?

Ich erinnere kurz an die Ziele (bewerte sie aber noch nicht!) und den geplanten Ablauf. Mitunter kann das Briefing zur Ausführung ja bereits eine Weile zurückliegen. Dann ist es ratsam, Teilnehmern noch einmal Dinge ins Gedächtnis zu rufen.

Dann beginne ich in chronologischer Reihenfolge mit den Ereignissen.

- *Verhalten am Boden*
- *Start und Steigflug*
- *Hinflug zum Tanker*
- *Betankung*
- *Zielanflug*
- *Rückflug*
- *Anflug und Landung.*

Während ich über die einzelnen Phasen der Ausführung spreche, merken wir alle, was gut und was schlecht lief. Unabhängig von der Zielbewertung mache ich also an einer Stelle im Raum (Flip Chart, Tafel) die nicht so guten Ereignisse sichtbar. Das sind die *lessons learned*!

Nie halte ich mich länger als nötig an einzelnen Punkten auf. Auch ein Debriefing ist kein munteres Zusammensitzen mit Geschwafel oder Diskussion. Jeder Abschnitt wird knallhart und offen, aber so kurz wie möglich, ausgewertet. Dafür finden Video- und Tonmitschnitte als Nachweis Verwendung. Jeder muss »die Hosen runterlassen«, also ehrlich und deutlich darstellen, wie die Abschnitte des Fluges verliefen. Jedoch immer erst, wenn ich darauf zu sprechen komme beziehungsweise das Wort erteile. Stoße ich im Verlauf meines Debriefings auf ein Ziel, so werte ich es sofort aus. Notiere das Ergebnis (+ oder –) auf der Tafel oder Flip Chart. Nie greife ich dem Verlauf vor. Teilnehmer können sonst schwer folgen, wenn man hin und her springt. Zeitliche und kausale Zusammenhänge sind es, was Menschen besser begreifen lässt.

Am Ende des Debriefings fasse ich den gesamten Verlauf kurz und bündig zusammen. Das dauert wenige Minuten. Dabei werfe ich aber noch einmal einen Blick auf die Ziele und auf die niedergeschriebenen *lessons learned*. Diese gilt es ja dringend zu merken und mitzunehmen! *Lessons learned* können sogar nach dem Debriefing in schriftlicher Form noch einmal an alle Teilnehmer verteilt werden. In prägnanter Kürze natürlich. Wenn es zu lang ist, liest es niemand!
Als Gesamtziel hatte ich zum Beispiel im Briefing festgelegt, dass heute mindestens 75 Prozent der (mess- und auswertbaren) Ziele erfüllt werden sollen. Blicke ich nun im Debriefing auf die Tafel, so bin ich in der Lage, darauf eine Antwort zu geben. *»Meine Damen und Herren, auch wenn wir nicht alle Ziele zu 100 Prozent erreicht haben.*

Ich stelle fest, unsere Aufgabe haben wir gut gelöst. Wir haben 3 unserer 4 Ziele erledigt, also 75 prozentige Erfüllung erreicht. Herzlichen Glückwunsch. Well done!« Finden sie am Ende unbedingt positive Worte. Das motiviert fürs nächste Mal. Auch wenn man Ziele nicht ganz oder überhaupt nicht erreicht hat. Seien Sie an dieser Stelle ruhig kreativ. Besser ist es, Teilnehmer mit guter Stimmung und schlechterem Ergebnis aus einem Debriefing zu entlassen, als am Ende durch harsche und vielleicht sogar persönliche Worte eine schlechte Stimmung zu erzeugen. Sie sind zu jeder Zeit auf das Team angewiesen. Das Leben endet nicht mit einem Debriefing. Setzen Sie stattdessen gute Akzente für kommende Aufgaben.

Einige Firmen wenden das sogenannte *360° Feedback* oder *After-Action-Meeting* an. Gut, aber nicht gut genug. Denn diese Veranstaltungen hinterlassen oft keine klaren Spuren. Es fehlt an deutlichen Regeln und Zielen, auch werden keine handfesten *lessons learned* heraus gestellt. Zudem finden sie meist nicht sehr regelmäßig statt. Eine Debriefing ist wie das Briefing eine sehr regelmäßige und damit verlässliche Veranstaltung. Beides sind keine unstrukturierten Diskussionsrunden, in denen jeder irgendwie und irgendwann etwas sagen darf. Ein Debriefing ist etwas Konstantes. Es kommt immer wieder. Nach jedem Auftrag. Jeder Aufgabe. Manchmal ist es kurz, weil nur ein einziges Ziel in Anwesenheit von nur drei Teilnehmern angesprochen werden muss. Dann dauerte es möglicherweise nur wenige Minuten. Ein anderes Mal sitzen mehr als 50 Personen im Auditorium und es geht um sechs oder sieben Ziele, die analysiert werden wollen. Zu jeder Zeit ist es fair und transparent. Hat immer gleiche Abläufe und Routinen. Das macht es effektiv.

How to do it

Das erste, was Sie tun sollten, um ein Debriefing als Teil des Ganzen zu implementieren ist es, das Debriefing als Bestandteil des Arbeitsablaufs anzuerkennen. Sorgen Sie dafür, dass Sie weder beim Briefing noch beim Debriefing gestört werden. Die Tür bleibt geschlossen. Egal, was passiert. Anwesenheit ist Pflicht. Es gibt kein Rausreden. Auch sollte ein Debriefing nur stattfinden, wenn man die Ereignisse noch im Kopf hat. Es nützt nichts, wenn man erst ein paar Nächte über die Ergebnisse schläft. Wechseln Sie ruhig mal den oder die Verantwortliche(n) für die Veranstaltung. Es ist noch kein Meister vom Himmel gefallen. Wenn immer nur der/die gleiche vorn steht und durch das Debriefing führt, beraubt man sich der Möglichkeit, durch Variation mehr zu lernen und Expertenwissen zu vermitteln.

Wenn der Augenblick gekommen ist, in einem Debriefing ins Detail einzusteigen, dann steigen Sie ins Detail ein. Nur auf diese Weise gewinnen Sie Erkenntnisse. Verirren Sie sich aber nicht. Ich meine, lassen Sie keine Diskussion entstehen und beschäftigen Sie sich nicht mit Dingen, die hier nichts zu suchen haben. Finden Sie Antworten auf das »*Warum*« und »*Wieso*« bei Problemen. Denn erst mit diesen Antworten sind Sie bereit für die nächste Herausforderung.

Gut ist es auch zu verstehen, dass nicht jeder Auftrag, jede Aufgabe, grundsätzlich auch Debriefing benötigt. Man sollte nicht alles debriefen. Wenn man es nämlich übertreibt, nimmt kaum jemand noch dieses effektive Werkzeug ernst oder in Anspruch. Es nutzt sich ab. Menschen werden gelangweilt davon. Nur wenn es tatsächlich etwas zu lernen gibt, sollte man zu dieser Form einer förmlichen Nachbesprechung einladen.

Grundsätze

Das Debriefing ist nichts Geringeres als ein Management-System für Fehler. Ohne ein Debriefing werden Fehler mitunter chronisch. Wiederholen sich. Das ist nicht nötig, solange man sich an ein paar Regeln hält. Wenn Sie zukünftig dieses *tool* auf Ihr Umfeld übertragen möchten, achten Sie auf folgende Grundsätze. Nur dann wird Erfolg eintreten. Können *lessons learned* nachhaltig gewonnen, Fehler wirklich vermieden werden. Genauso wie beim Briefing liegt es am Nutzer, wo und für was man das Debriefing verwendet.

- **Hierarchiefreiheit**
  Jeder, der am gemeinsamen Ziel mitarbeitet, kann auch kritisiert werden. Es gibt keine Rangbarrieren, Chefallüren oder Befindlichkeiten. Stellen Sie sich auch als Chef eindeutig der Gruppe. Nehmen Sie Kritik hin und verteidigen Sie sich nicht!

- **Fehler zugeben**
  Haben Sie keine Angst davor, kritisiert zu werden. Geben Sie Fehler zu. Gerade als Leitender haben Sie die absolute Freiheit, eigene Fehler zuzugeben. Wenn schon der Chef das tut, werden sich andere auch mehr ermutigt fühlen, über Probleme und Fehler zu sprechen. Sie müssen ja dann nichts mehr befürchten. Der Chef selbst hat ja bereits die »Hosen runter gelassen«!

- **Nur Teilnehmer**
  Niemand anderes als die Teilnehmer des Auftrags nehmen an einem Debriefing teil. Es dringen keine Interna nach außen. Es sei denn, man beschließt es gemeinsam. Auf diesem Weg schützt man Beteiligten davor, in Regress genommen zu werden oder in der Öffentlichkeit schlecht da zustehen!

Eine Hochwert-Übung im Winter – nördlich des Polarkreises. Auch hier gelten meine Grundsätze!

- **Konsequent das Wesentliche herausstellen**
  Am Ende muss allen die *lessons learned* vollkommen klar sein. Warum haben wir das heute hier gemacht? Was haben wir falsch gemacht? Wie können wir es das nächste Mal besser machen? Das sind Fragen, die am Ende beantwortet sein müssen.

- **Ziele klar analysieren**
  Ein »beinahe« oder »fast« gibt es nicht. Entweder habe ich etwas erfüllt oder nicht.

Kapitel 11

Morgen ist schon Heute

Gerade während den letzten Jahren meiner TORNADO-Karriere habe ich noch etwas gelernt: Man lernt niemals aus. Man kann nie der Beste oder die Beste sein! Mit Tausenden von Flugstunden in unterschiedlichen Jets, quasi allen denkbaren NATO-Hochwertübungen und Einsätzen auf dem Buckel wähnt man sich als Kampfpilot leicht auf dem Zenit des eigenen Könnens und wird vielleicht übermütig. Man kennt das Aufgabenspektrum. Das Flugzeug. Die Formationen. Es gibt eigentlich nichts, was man noch nicht gesehen und erlebt hat. Und trotzdem. Zack! Plötzlich kommt ein junger Pilot daher, vor kurzem noch der eigene Schüler, und macht es besser! Er brieft eleganter. Fliegt fehlerfreier. Und steht obendrein noch besser im Stoff. Kennt selbst die außergewöhnlichsten Besonderheiten feindlicher Radarstellungen und Flugzeuge. Sicher, so etwas kommt natürlich nicht allzu oft vor. Auch in anderen Jobs. Außergewöhnliches Talent und ein unglaubliches Engagement sind wahrscheinlich Grundvoraussetzung für ein Ereignis dieser Art. Dennoch passiert so etwas. Dies- und jenseits der Schallmauer. Wissen ist wertvoll. Erfahrung und Routine wahrscheinlich noch wertvoller. Man hat aber trotzdem nie genug davon. Immer gibt es den einen oder die eine, die die Sache noch besser im Griff hat. Das ist eine Tatsache und man muss es akzeptieren!

Und weil das so ist, sollten wir uns fragen, wie man vermeiden kann, sich plötzlich von einer besseren Leistung überrascht zu fühlen? Die Antwort ist simpel: Ruhen Sie sich nicht auf Ihren Lorbeeren aus! Ich meine damit selbstverständlich nicht, dass Sie sich nicht auch mal eine Pause gönnen sollen. Jeder Mensch benötigt gelegentlich Ruhe und Erholung. Meine Aussage ist vielmehr dahingehend zu werten, als dass ich behaupte, dass man zu keiner Zeit an einem Punkt angekommen ist, wo es nicht doch noch etwas besser geht. Nicht noch eleganter. Nicht noch effizienter oder schneller. Diese Tatsache sollte man anerkennen.

In einem Kampfjet erkenne ich lieber selbst die Defizite meiner Verteidigung und in meinen Abläufen. Die Unsicherheiten meines Könnens, bevor der Gegner so etwas realisiert. Dann kann es bereits zu spät sein. Dann stehe ich da, *»caught with my pants down«*, wie wir diesen unangenehmen Zustand gern süffisant umschreiben. Der EUROFIGHTER ist mit Sicherheit das überlegene Kampfflugzeug, wenn er auf einen TORNADO im Luftkampf trifft. Oder auf eine F-4F Phantom. Er ist wesentlich neuer und technisch auf viel höher entwickeltem Stand. Dennoch ist dieser moderne Jet nicht das Beste und Effizienteste, was es gibt. Irgendwo steht ein noch schnelleres, noch leistungsfähigeres, noch besser ausgestattetes Flugzeug in einem Schutzbunker. Vielleicht hat der Vektor-Schub-Steuerung, mit dem der Pilot unvergleichbar einfach in die sechs Uhr-Position manövrieren kann. Die gefährlichste Position für einen verteidigenden Kampfpiloten, direkt hinter dem eigenen Flugzeug. Quasi unmöglich zu verteidigen. Oder vielleicht besitzt der andere ein noch besseres Radar, kombiniert mit modernster Tarnkappen-Technologie? Könnte damit unbemerkt aus sehr großer Distanz eine Rakete abfeuern und schon wieder weg sein, wenn der moderne EUROFIGHTER überhaupt erkennt, was los ist? Banal ausgedrückt: Alles ist möglich. Ein Grund, warum ich es als feste Tatsache hinnehme, dass irgendwo, irgendwann etwas Besseres auf mich wartet.

Technologie verändert sich ständig. Prozesse werden kontinuierlich optimiert. Immer wieder hört man von noch mehr Erfolgen. Von noch effizienterem Einsatz von Ressourcen. Noch höhere Gewinnmargen werden gemeldet. Akzeptieren wir das. Das einzig wirklich konstante ist die Veränderung. Wie man diese grundsätzlich positiv begrüßt, hatten wir bereits Anfang des Buches diskutiert. Jahrelang hat uns die Werbung erklärt, dass *Ariel* oder *Der Weiße Riese* einfach nicht mehr besser werden könnten. Plötzlich ist sie da. Die neue Produktwerbung. Mit dem Titel: *»Der neue Weiße Riese. Besser als je zuvor«*. Rasierklingen. Coca Cola. Spülmittel. Alles wird besser. Nichts bleibt so gut, wie es ist.

Was lernen wir daraus? Ich meine Zweierlei:

- Um erfolgreich zu sein, darf man nicht stillstehen. Man muss mit der Zeit gehen. Doch damit ist es nicht getan. Denn das tun auch andere. Es gehört noch etwas mehr dazu. Die weitere Vorstellung von dem nämlich, was die anderen, möglicherweise noch besseren und überlegeneren Systeme, Produkte, Märkte dennoch besiegen könnte. *Think outside the box!* Gewinnen Sie mit Innovation und dem Streben nach Neuem. Strukturen und Gedanken sind nie final. Nur weil etwas heute klappt, bedeutet das nicht, dass das auch morgen der richtige Weg ist. Ich beobachte nicht selten, dass Menschen an bewährten Dingen gern festhalten. Sich daran festklammern. Ganz nach dem kölschen Grundsatz *»Et hätt noch immer jot jejange«*. Das ist der einfache Weg. Aber fast nie der Erfolg versprechende.

- Immer nur an Veränderung zu denken, überall Optimierungsbedarf zu suchen ist auch nicht förderlich. Denn dadurch verliert man den Blick für die Details. Diese braucht man aber von Zeit zu Zeit. Denn im Detail steckt die Finesse. Das Große und Ganze kann überholt sein. Die Feinheiten jedoch, nicht der gesamte Betrieb sondern die einzelnen Teammitglieder, dies alles kann bedeuten, doch im Vorteil zu sein. Letztendlich hängt vieles auch an der Tagesform und den Umständen. Geben Sie also nicht gleich auf, nur weil Sie nicht über das Beste und Neueste verfügen!

Übertragung für Piloten

Beides gilt überall. In anderen Ländern und in der eigenen Familie. Beim Sport und im Flugzeug. Am heimischen Schreibtisch und in der Firma des Vaters. Ein Teil der Verdienste von Morgen werden größtenteils durch Produkte oder Dienstleistungen erbracht, die heute noch nicht produziert beziehungsweise angeboten werden. Daher muss eine innere Balance zwischen Akzeptanz der Veränderung und Verwendung funktionierender Strukturen her. Zu jeder Zeit muss man Dinge auf Effizienz und Sinn-

haftigkeit überprüfen. Checklisten und *SOPs* sollten nie stillstehen. Angestellte dürfen nicht aus Fort- und Weiterbildung heraus genommen werden. Was bedeutet das nun für Piloten? Auch wir sollten uns nicht auf unseren Lorbeeren ausruhen. Denken, nur weil wir besonders gut landen können, müssten wir nicht üben, auch mal ohne Landeklappen aufzusetzen. Bilden wir uns besser ständig fort! Nehmen wir uns die Zeit,

neue Technologien zu betrachten und zu auszuprobieren. Belegen wir mehr Fortbildungen. Schauen wir öfter mal in Unterlagen und Vorschriften. Absolvieren wir doch ruhig mal regelmäßig einen Übungsflug mit Notverfahren, Grenzflugzuständen und kritischen Situationen. Üben ist eine vorbildliche Angewohnheit.

Schlusswort

Die kritischste, gleichzeitig jedoch aber auch wertvollste, Ressource, die wir haben, sind die Menschen. Mitarbeiter, Freunde, Kollegen im Team. Alles kaum vorhersehbar und extrem dynamisch. Aber auch innovativ, emphatisch und hilfsbereit. Manchmal fühlen wir uns unverwundbar. Ein anderes Mal kaum etwas wert. Die Luftwaffe hat mich das Fliegen gelehrt. Mir auch gezeigt, wie man Menschen führt. Komplexe Aufgaben erledigt. Wie ich eine *mission* erfolgreich abschließe. Ich habe dadurch Erfahrung gesammelt. In und außerhalb der Cockpits. Doch hat mich das alles nicht davor schützen können, mich hier und da doch gelegentlich zu fragen: *»Werde ich das überhaupt schaffen?«* Wenn ich zum Beispiel in einen anspruchsvollen Simulator-Checkflug gehen muss. Oder wenn ich bei starkem Seitenwind und knapp 300 Tonnen und 500 Passagieren auf einer schmalen Landebahn sicher zum Stehen kommen soll. Trotzdem habe ich das alles geschafft. Das stimmt mich sehr positiv!

Das Buch hat mit den Menschen begonnen. Und soll natürlich auch damit enden. Denn sie sind es, die sehr oft über Erfolg oder Misserfolg entscheiden. Egal, wo oder um was es geht. Wir haben erkannt, was persönliche Disziplin bedeutet. Wie man eigene Einstellungen und die der anderen positiv beeinflussen kann. Wir wissen jetzt, welche *tools* es gibt, um Aufträge und Vorhaben effektiv umzusetzen. Wir sind mit Briefings und Debriefings, *SOPs* und Checklisten vertraut. Wenden spätestens ab heute eine offene und non-punitive Fehlerkultur an. Wir verstehen, welchen Einfluss wir auf den Verlauf vieler Dinge haben. Und es ist uns klar, dass es nie ohne Zusammenspiel im Team klappen kann. Mögen wir auch noch so ein umwerfend gutes Design oder Produkt, Idee oder Konzept haben. Wenn Teammitglieder nicht mitmachen, wird die Aufgabe irgendwann scheitern.

Nur wenn wir uns zu 100 Prozent auf unsere Ausführung konzentrieren. Nur wenn wir effektive *tools* und Methoden verwenden. Wenn wir kritische und umfassende *»What, if…?«*-Planungen im Kopf haben. Nur dann legen wir den Grundstein für den Erfolg. Wir brauchen eine Kultur, die sich strikt an der Ausführung ausrichtet. Bei Übungen und in der Realität. *Train as you fight* – Das gilt überall! Man muss sich auch als Hobbyflieger ab und zu freiwillig unangenehmen Situationen stellen. Eine Notlandung üben. Den Verlust des Triebwerks nach dem Start durchspielen. Oder den Einflug in schlechtes Wetter. Das sind Dinge, die tatsächlich passieren können. Und auf die man dann unbedingt vorbereitet sein muss, wenn man sie überleben will. Wir sind es, die den Verlauf von Situationen beeinflussen. Ganz gleich, ob ich im TORNADO oder in einer Cessna sitze. Am OP-Tisch stehe oder im Büro sitze. Wir und unser Team sind die *Ausführer*. Die *Macher*. Die *Veränderer*. Deshalb nutzen wir alle Ressourcen und *tools*, die wir haben. Geben stets unser Bestes. Achten auf äußerste Sorgfalt. Es ist befriedigend, wenn man nach einem guten Ergebnis auf die Ausführung zurückblickt. Wenn unser Weg zeigt, dass wir uns Mühe gegeben haben und es sich tatsächlich gelohnt hat. So etwas gibt Selbstbewusstsein und fördert Mut. Schafft Kraft für Neues. Menschen wollen gewinnen. Da sind wir alle gleich. Man muss für diesen Wunsch kein Kampfpilot sein. Mit dem Wissen und der Einstellung aus diesem Buch werden auch Sie ab sofort *aims* und *objectives* setzen. Briefings und Debriefings halten. *SOPs* und Checklisten verwenden. Positiv mit Fehlern umgehen und Veränderungen begrüßen. Ich weiß, dass Sie das können. Ich konnte es schließlich auch. Ich wünsche Ihnen viel Erfolg!

DAS MAGAZIN FÜR LUFT- UND RAUMFAHRT
Neben spektakulären Reportagen aus der Welt der Luft- und Raumfahrt findet man in der FLUG REVUE ausführliche Analysen zu den aktuellen weltweiten Entwicklungen bei Fluggesellschaften, Flughäfen, Herstellern, Militärluftfahrt, Raumfahrt und Technik.
Jeden Monat neu!
Deutschland € 7,20 www.flugrevue.de
FLUG REVUE
FLUG REVUE
ft- und Raumfahrt-Magazin
Die neue türkische Jet-Drohne
ESA
Europas neue Astronauten
Northrop Grumman enthüllt B-21 Raider
AIRBUS
Tests für den Wasserstoff-antrieb
Amerikas unsichtbarer Super-Bomber
Serie Klimaneutralität
FLIEGEN WIRD GRÜN
TEIL 4: AIRLINES
ATLAS AIR
FLUGHAFEN HELSINKI
Drehkreuz im Abseits?
ADAPTIVE CYCLE
Triebwerk der Zukunft
BOEING 747-8F
Der letzte Jumbo
Aktuelle Ausgabe als Heft oder E-Paper bestellen:
Web: flugrevue.de/heft
Telefon: 0781 6396659
E-Mail: mps-bestellungen@burdadirect.de